SOPHIE STRODTBECK | UWE BORCHERT

WENN DER WELPE ZUM HALBSTARKEN HUND WIRD

Gelassen durch die Hunde-Pubertät

SOPHIE STRODTBECK | UWE BORCHERT

WENN DER WELPE ZUM HALBSTARKEN HUND WIRD

Gelassen durch die Hunde-Pubertät

Inhalt

WIE TICKT EIN JUNGHUND?

LERNEN FÜRS ALLTÄGLICHE LEBEN

HUNDHERUM GESUND

Ernährung ist Vorbeugung 190

Kastration – ja oder nein? 202

SERVICE

DIESER ANSCHLUSS IST …

... vorübergehend nicht besetzt! Bereits dieser Satz dürfte bei zahllosen Hundebesitzern neben einem Schmunzeln ein hohes Maß an Zustimmung finden.

Bei unseren vierbeinigen Sozialpartnern handelt es sich um sogenannte »Biomechanismen«, bei denen ein Umstand als unumstößlich gilt: Ein Funktionieren auf ständigem Perfektionsniveau können sie sicher nicht leisten. Und dass Hunde das auch nicht wollen, macht sie nicht widerspenstig, sondern durchaus sympathisch. Sollte deshalb ein Hundebesitzer besonderen Wert auf hundertprozentige Zuverlässigkeit seines Vierbeiners legen, muss er sich unter Umständen vorwerfen lassen, dass ihm soziale und vor allem auch emotionale Werte eines Sozialpartners nicht besonders wichtig erscheinen. Es ist dabei vollkommen klar, dass es einige wenige Situationen im alltäglichen Miteinander geben kann und auch immer geben wird, die einen erzieherischen Zugriff auf den Vierbeiner unumgänglich machen, um dessen Wohl und das Wohl seiner unmittelbaren Umgebung nicht zu gefährden. Aber es muss nicht sein, dass sich ein Hund widerspruchslos und damit marionettengleich den Bedürfnissen seines Menschen unterzuordnen hat. Unsere Hunde, die eine

außerordentlich hohe soziale Intelligenz zeigen, haben ein Recht auf Lebensqualität, und zu dieser Lebensqualität gehört zweifelsfrei auch die Fähigkeit, Widerspruch zu formulieren. Dazu zählen sicher auch Vetos, die durch Körper- und Lautsprache ausgedrückt werden können, wenn ein Hund etwas möchte und nicht bekommt oder er etwas nicht möchte, wir es aber von ihm verlangen. Soziale Harmonie lebt von derartigen Grundsätzen, und wer dafür kein Verständnis aufbringen kann, lebt definitiv nicht in sozialer Harmonie mit seinem Vierbeiner.

In aus meiner Sicht beeindruckender Weise zeigt das Autorenteam Sophie Strodtbeck und Uwe Borchert, dass auch sie genau dieses Verständnis für ein sozial harmonisches Miteinander zwischen Mensch und Hund als Leitfaden für dieses Buch verwendet haben. Ein Mensch muss sich sicher nicht von seinem Hund auf der Nase herumtanzen lassen, aber ein Mensch sollte durchaus auch in der Lage sein, Verständnis für die Bedürfnisse seines Vierbeiners aufzubringen. Damit steht auch fest, dass in der Hundeerziehung eine modern gewordene »Wattebäuschchenwerferei« genauso fehl am Platz sein muss wie übertriebene Härte oder gar Gewalt, die einem teilweise noch traditionell verankerten Gedankengut entspringt. Bringen wir also unseren pubertierenden Vierbeinern doch auch etwas mehr Verständnis entgegen, wenn deren »Anschluss« mal vorübergehend nicht besetzt ist. Zumal es verhaltensbiologisch, pädagogisch, sozialwissenschaftlich und auch psychologisch zur Normalität gehört, wenn hoch entwickelte Säuger wie Mensch und Hund ganz einfach auch einmal nicht so »funktionieren«, wie man es von ihnen erwartet.

Das Vorwort für dieses Buch habe ich sehr gerne geschrieben, denn eine derart gelungene Kombination aus Humor, Einfühlungsvermögen und gleichzeitiger Fachkompetenz ist nicht häufig anzutreffen. Ganz besonders die fachlichen Inhalte zum Umgang mit Hunden weisen einen enorm wichtigen Aspekt auf: Sie sind nämlich rundum frei von Dogmatisierungen und weisen immer wieder auf die Notwendigkeit individuell angepasster Vorgehensweisen hin.

Für die Leser interessant und sicher auch bereichernd sind die sehr gut beschriebenen und breit gefächerten Kernelemente einer harmonischen Mensch-Hund-Beziehung. Dass Kreativität und damit auch Attraktivität des Menschen für eine Beziehung wichtiger sind als Leckerchen, kommt dabei genauso zum Ausdruck wie die Feststellung, dass Abbruchsignale kein Teufelswerkzeug, sondern Mittel und Bestandteile einer gut funktionierenden Kommunikation sind.

Die Tatsache, dass Erziehung keine Ausbildung und Frustration ein Teil der Verhaltensentwicklung ist, wird leider von Hundebesitzern und

> Der bekannte Hundeexperte Thomas Baumann mit seiner Hündin Ronja

auch Hundetrainern viel zu wenig beachtet, findet aber im Buch der Autoren genügend Raum. Letztlich bleibt auch in diesem Werk unbestritten, dass zu einer jeden gut funktionierenden Mensch-Hund-Beziehung die durch Fairness und Gelassenheit geprägte Führungskompetenz des Zweibeiners gehört.

Es dürfte auf dem Hundebüchermarkt wenige Werke geben, die einen derart fundierten und vor allem auch interdisziplinären Charakter aufweisen. Verhaltensbiologische Kompetenzen zeigen sehr verständlich beschrieben auf, wie unsere Hunde »von innen heraus« lernen und letztlich auch »funktionieren«. Aber auch wichtige Faktoren von außen, die sich letztlich ebenfalls als enorm wichtig für Lernen und Verhalten erweisen, sind aus meiner persönlichen Sicht sehr kompetent beschrieben.

Thomas Baumann

DAS THEMA PUBERTÄT ...

... ist derzeit in der menschlichen Psychologie und Pädagogik sehr beliebt, und wie fast immer färbt diese Diskussion auch auf den Hund ab.

> Privatdozent Dr. Udo Gansloßer: Verhaltens-biologie ist seine Leidenschaft.

Bereits bei der Betrachtung der Literatur aus der Humanpsychologie findet man dann zwei Hauptrichtungen: einerseits die reinen Erziehungsratgeber, bei denen man oft einen gewaltigen Rückschritt Richtung reaktionär-konservativer Drillpädagogik wahrnimmt, und andererseits die neurobiologischen Darstellungen mit etwas moderaterer Ausrichtung. Warum also ein Buch über Pubertät beim Hund oder warum gerade dieses? Zunächst einmal zeigt das vorliegende Buch einen sehr fundierten verhaltensbiologischen Ansatz. Gerade die Einbeziehung verhaltensökologischer Betrachtungen lässt uns verstehen, welche Vorteile und Nachteile die beiden dem Pubertierenden verfügbaren Strategien (zu Hause bleiben und helfen oder abwandern und selbstständig werden) haben. Allein diese Betrachtung macht es möglich, eine Reihe von oft gehörten Empfehlungen für den Umgang mit pubertären Hunden kräftig zu hinterfragen. Jedes Tier lebt in einer Gruppe und bleibt nur dann in diesem sozialen Verbund, wenn es davon aktuell mehr Vorteile hat als von den derzeit möglichen Alternativen. Wird einem Tier das Leben in der Gemeinschaft also zu nachteilig, wandert man ab.

Auch ein Blick auf die inneren Antriebe des Pubertierenden ist sehr hilfreich. Der Züricher Biopsychologe Professor Norbert Bischoff hat die Vorgänge im Verhalten Pubertierender durch einen inneren Wettbewerb zwischen Sicherheitsbestreben und Autonomieanspruch erklärt. Wird in diesem dynamischen Gleichgewicht Letzterer zu stark, kommt es zur sogenannten Überdrussreaktion und damit zum Abwandern. Aufgabe des Halters eines pubertierenden Hundes muss es also sein, diese Überdrussreaktion tunlichst zu vermeiden. Und auch dafür braucht man ausgiebige Kenntnisse! Neurobiologisch ist die Pubertät nicht nur durch Verlagerungen von Aufgaben im Gehirn charakterisiert, sondern mit einer vorübergehend reduzierten Empathiefähigkeit und der Bereitschaft zu höherem Risiko. Das sollte man wissen, wenn man sich gerade mal wieder über den Jungspund ärgert – egal ob zwei- oder vierbeinig. Und man sollte gelassen damit umgehen, denn nur das – und nicht autoritäres Verhalten – charakterisiert das souveräne Leittier. Auch die erhöhte Risikobereitschaft in dieser Phase ist evolutionär begründet und sinnvoll, denn nur durch die verringerte Empathiefähigkeit und die erhöhte Risikobereitschaft ist man beziehungsweise in diesem Fall Hund dann auch bereit, den Autonomieanspruch umzusetzen. Diese verringerte Empathiefähigkeit ist wiederum auch eine Basis für die Überdrussreaktion. Mit all dem sollte der Mensch dann umgehen können! Ein Grundverständnis von den Vorgängen in der Pubertät, wie es das Buch von Sophie Strodtbeck

und Uwe Borchert so anschaulich und eingängig vermittelt, ist dabei äußerst hilfreich.

Ein weiterer Vorteil dieses Buches liegt in der umfassenden Beschreibung und Erklärung von Verhaltensweisen, die in der Pubertät verstärkt auftreten, aber auf den ersten Blick offenbar nicht mit ihr in Verbindung stehen. Markieren, Aggression oder auch das Dominanzverhalten sind solche Themen, die das Verhalten des pubertierenden Hundes charakterisieren und letztlich der Ausdruck des oben genannten Autonomieanspruches sind.

Nichts ist so gut anwendbar wie eine breit abgestützte Theorie, und daher finden sich im Gefolge der biologischen Erklärungen immer auch direkte Bezüge zum Alltagsleben und -leiden des Hundehalters. Nicht im Sinne von Pauschalrezepten, die dann ja doch nur selten funktionieren, sondern vielmehr als Denkanstöße und gezielte Hilfe zur Selbsthilfe. Der Mensch wächst durch Forderung und Förderung – und zwar auch als Hundehalter.

Zuletzt muss auch noch der typische, mit Humor und Sprachwitz charakterisierte Schreibstil des Autorenteams hervorgehoben werden. Es gibt also viele gute Gründe, diesem umfassenden, kompetent und lesbar geschriebenen Buch eine leuchtende Zukunft zu wünschen! Möge es helfen, das Verständnis für Mensch und Hund in dieser lebensgeschichtlich so wichtigen Entwicklungsphase zu verbessern.

Viel Erfolg!

PD Dr. Udo Gansloßer

EIN TAG IM LEBEN EINES CANIS PUBERTUS

MORGENS, HALB SIEBEN IN DEUTSCHLAND ...

Bevor der Wecker die Chance hat zu klingeln, ist Herrn Meier – seines Zeichens ein pubertierender Beaglerüde, ein halbes Jahr alt, grenzen- und regellos, wie es sich in seinen Augen für einen Pubertisten gehört – langweilig, und der Tag muss beginnen. Also springt er zunächst ins Bett und startet eine Wanderung durch das selbige, gegen die die großen Tierwanderungen Afrikas nichts als heiße Luft sind. Dass er dreimal hochkant wieder rausfliegt, kümmert ihn überhaupt nicht, sondern führt nur zu einer Abänderung seiner Strategie.

Jetzt stehen Heulorgien auf dem Programm, gegen die auch das Geläut einer kompletten Beaglemeute lautlos verblasst. Zwecklos, Frauchen ist inzwischen gegen das morgendliche Getöse abgehärtet, zieht ihr Kopfkissen über den Kopf und schläft scheinbar ungestört weiter. Da hilft nur Trick 17: Lautstark den nächstgelegenen Mülleimer ausräumen, das klappt immer. So auch diesmal. Beim Knistern der im Beagle-maul zerberstenden Joghurtbecher springt Frau-chen fluchend aus dem Bett, und das beagle-eigene Navigationssystem vermeldet: »Sie haben Ihr Ziel erreicht!« Der Tag kann beginnen.

Nach einer kurzen Morgenrunde steht Hunde-schule auf dem Lehrplan: mit Kumpels toben, sich in toten Regenwürmern wälzen, Frauchen im Regen stehen lassen und nebenher, quasi im Vorbeigehen, ein bisschen Sitz, Platz, Fuß. Moment! Sitz? Was war das gleich wieder? Der Pubertätsalzheimer lässt grüßen: Was bisher aus dem Effeff funktionierte, ist ganz weit unten im Hundehirn verschwunden. Dieser Anschluss ist vorübergehend nicht besetzt. »Herr Meier«, ruft Frauchen. »Den kenne ich doch? Zumindest habe ich den Namen schon mal gehört, kann ihn aber nicht zuordnen. Na ja, wird schon nicht so wichtig sein wie die hübsche Lady, die da gerade ums Eck kommt«, denkt Meier. Außerdem muss Hund ja seinen Verpflichtun-gen nachkommen und kann sich unmöglich sinnlosen Dingen wie Sitz und Fuß zuwenden, solange auf dem Platz noch nicht jeder Gras-

halm ausführlich inspiziert und begossen wurde. Denn inzwischen hat Herr Meier die Kunst des Markierens erlernt und wendet sie gerne und ausgiebig an. Da aber so ein Junghundekurs lauter Mitkurslinge enthält, die genau dieselben Prioritäten haben, und jeder gerne das letzte Wort beziehungsweise den letzten Tropfen hätte, ist die einmal in Gang gekommene Lawine durch nichts mehr aufzuhalten.

Mit einem etwas genervten Frauchen – »an ihrer Frustrationstoleranz muss noch gearbeitet werden!« – geht es dann wieder nach Hause. Unterwegs lässt sie noch etwas Ähnliches wie »… sollte man höchstbietend an das nächste Labor verkaufen … aber wahrscheinlich wollen die ihn auch nicht« vom Stapel, und Herr Meier stellt sich seither die Frage, ob man Labore wohl fressen oder sich darin wälzen kann.

Zu Hause ist auch gleich wieder für Abwechslung gesorgt. Frauchen kümmert sich schließlich und hat Handwerker ins Haus geholt. Noch spannender als Handwerker sind nur Türen, die von diesen fleißig arbeitenden Menschen versehentlich Bruchteile von Sekunden offen gelassen werden, denn eines von Herrn Meiers Lebensmottos ist »Wer früher geht, ist länger weg«. Denn die Komposthaufen der Nachbarn wollen auch kein einsames Dasein fristen. Außerdem war da neulich die nette Nachbarin mit den tollen Leckerchen, die freut sich immer über Besuch und Herr Frank und Frau Lang auch. »Bekannt wie ein bunter Hund« kommt schließlich nicht von ungefähr …

Noch schöner als der Ausflug war das Heimkommen. Nur an den roten Teppich hat keiner gedacht, trotzdem waren alle sehr erleichtert. Herr Meier weiß trotz Pubertätsalzheimer, dass

> Das Lebensmotto des Beaglerüden Herrn Meier: Wer früher geht, ist länger weg.

er nur seine in zu viel Haut verpackte Stirn in charmante Runzeln legen muss, damit ihm auch wirklich keiner mehr böse ist.

Das Paar nagelneue Schuhe und die fertige Steuererklärung, die er mit seinen Zähnen verschönert hat, lassen wir mal unter den Tisch fallen oder, wie Frauchen es getan hat, in den Mülleimer. »Mülleimer, Essen …?!«

Meier hat sich übrigens nicht spezialisiert, neben Schuhen und Steuererklärungen werden auch Sofas, Handys und Teppiche gerne genommen. Hund ist ja nicht wählerisch. Spannend ist, dass er selten alte Schuhe erwischt, sondern grundsätzlich die neuesten Lieblingsschuhe. Wenn es ihn glücklich macht?!

EIN TAG IM LEBEN EINES FRAUCHENS EINES CANIS PUBERTUS

MORGENS, HALB SIEBEN IN DEUTSCHLAND ...

Nachdem der Jungspund ausschlafen unmöglich macht, weil ihm bereits in der Früh um sechs langweilig wird, treiben mich spätestens die Geräusche von zerberstenden Joghurtbechern aus der Küche schlagartig aus dem Bett. Schnelle Intervention ist gefragt, bevor das Chaos noch größer wird, als es schon ist. Meinen anderen Vierbeinern geht es genauso, auch sie sind inzwischen mehr als genervt. Das kümmert Herrn Meier herzlich wenig, denn »auch negative Aufmerksamkeit ist Aufmerksamkeit« – und für Aufmerksamkeit würde der »Herr ich, ich, ich!« zurzeit sein Frauchen verkaufen.

Positiv denken – heute ist Junghundekurs. Wenn's hilft. Einen entscheidenden Vorteil hat dieser: Er zeigt Besitzern von solchen Pubertätsmonstern, dass sie nicht allein sind – beziehungsweise dass sich alle vierbeinigen Probleme auf dem Platz schnell aus dem Staub machen, weil es am anderen Ende des Platzes offenbar besser duftet und es Gerüch(t)en zufolge dort noch ein paar unbegossene Grashalme gibt.

Man könnte den Kurs auch »Selbsthilfegruppe pubertätsgeschädigter Hundehalter« nennen. »Herr Meier«, rufe ich. Nichts passiert. Auch Luna, Paul und Mia reagieren nicht auf das verzweifelte Flehen ihrer Halter. Mir rutscht ein leises »Warum habe ich ihn übernommen« über die Lippen, denn eigentlich sollten die Erinnerungen an Andras Pubertät – ein Drama in hundert Akten – noch wach sein:

Im ersten halben Jahr verlief alles überraschend unkompliziert. Da mir die Probleme mit einem Beagle bekannt waren, lief Andra draußen ausschließlich an der Schleppleine und machte sich gut. Doch dann kam, was kommen musste: die Pubertät, das Alter, in dem ein Hund die Welt entdeckt, einen großen Freiheitsdrang entwickelt und selbstständig wird. Oder doch eher das Alter, in dem der Hundehalter schwierig wird? Ich vertraute ihr und ihrem Können damals zu früh, wurde leichtsinnig und ließ parallel zur Schleppleine auch die Erziehung schleifen. Das Drama begann: Ein einziger Ausflug reichte, und alles bis dahin Gelernte war wie weggeblasen. Ab diesem Moment war Andras einziger Lebensinhalt, stiften zu gehen. Das war das eins zu null gegen mich, denn reiche einem pubertierenden Beagle den kleinen Finger, und er nimmt die ganze Hand! Das wusste ich aber damals noch nicht und war zu vertrauensselig. Dadurch gab ich Andra immer wieder die Möglichkeit, weitere Teilsiege gegen mich zu erringen. An der Isar wurde ich schnell zur Frau »Haben Sie einen Beagle gesehen?«. Aber Frauchen lernt ja dazu, und so versteckte ich einfach meine zweite Leine in der Hosentasche, damit auch niemand auf die Idee kam, dass ich eigentlich mit zwei Hunden unterwegs sein müsste. Manchmal dauerte es ewig lange, bis Andra wieder auftauchte. Ich »drehte am Rad« und bastelte in Gedanken sehr viele Beagle-Voodoo-Puppen. Doch dann stand sie jedes Mal wieder unversehrt und guter Dinge und mit einem vollgefressenen Bauch vor der Tür – und meine ganze Wut war mit einem Blick in ihre Beagleaugen schnell verflogen.

Ich bin inzwischen zu der festen Überzeugung gelangt, dass Hunde diesen bestimmten Blick in die Wiege gelegt bekommen haben, um sie alle (durchaus berechtigten!) Wutanfälle ihrer Besitzer unbeschadet überstehen zu lassen. Trotz allem wurde aus Andra mit den Jahren ein zuverlässiges Beaglechen, falls man bei einem Beagle von Zuverlässigkeit sprechen kann ... Aber nun zurück zu Herrn Meier, der sich immer noch ausgiebig der Pflege der Grashalme widmet. Wie war das? »Vergessen Sie vor lauter Liebe die Konsequenz nicht. Und schon gar nicht vor lauter Konsequenz die Liebe.« Okay, nachdem ich Meier ein (für Frauchen) gesichtswahrendes »Sitz« abgerungen hatte, machten wir uns auf den Heimweg, denn schließlich warteten die Handwerker. Handwerker? Den Rest der Geschichte kennen Sie bereits, meine Hoffnungen auf einen nicht ganz so erkundungsfreudigen Beagle verschwanden zeitgleich mit selbigem. Blieb nur noch das Mantra vom »Lebensabschnittsgefährten Canis pubertus« ...

❯ Die Autoren Sophie Strodtbeck und Uwe Borchert mit ihrer Meute

vom WELPEN zum JUNGHUND

Ihr Hund ist nicht als wilder Teenie auf die Welt gekommen: Zahlreiche Einflüsse haben Ihren Kleinen zu dem Hund geformt, der er heute ist.

DIE KINDERSTUBE

Erfahrungen im Mutterleib, beim Züchter und in den ersten Wochen im neuen Zuhause – diese Einflüsse prägen Ihren Vierbeiner für die Zukunft.

WAS BISHER MIT IHREM HUND GESCHAH

Auch wenn es in diesem Buch um den pubertierenden Junghund und seine Erziehung geht, kommen wir nicht umhin, viel früher im Hundeleben zu beginnen. Denn bis der Hund in die Pubertät kommt, hat er schon jede Menge erlebt, was ihn zu dem macht, was er als Junghund ist. Und nicht nur die Erfahrungen, die er aktiv gemacht hat, spielen eine Rolle, sondern auch jede Menge vorgeburtlicher Einflüsse, an denen Mensch nichts mehr ändern kann, wenn der Welpe auf der Welt ist. Der Hund, den wir vor uns sitzen haben oder der gerade genüsslich unsere Schuhe zerstört, ist also die Summe seiner bisherigen Erfahrungen.
Und die sind vielfältig. Wo kommt seine Mutter her? Was für eine Persönlichkeit hat sie? Wo und vor allem wie hat sie die Zeit ihrer Trächtigkeit verbracht? Ist der Wurf bei einem kompetenten Züchter auf die Welt gekommen oder unter nicht so optimalen Bedingungen bei einem unseriösen Vermehrer oder auf der Straße? Wie verlief die Geburt? Und wie die ersten Wochen? Alle diese Einflüsse spielen bei der Entwicklung des Hundekinds eine große Rolle und hinterlassen Spuren für das gesamte Leben.

Vorgeburtliche Einflüsse auf den Welpen in spe

Was man bei anderen Tierarten schon seit den 1950er-Jahren weiß, nämlich dass Ratten von Rattenmüttern, die in der Trächtigkeit Stress ausgesetzt waren, auch als Erwachsene ängstlicher und weniger stressresistent sind, ist inzwischen auch beim Hund nachgewiesen: Die Verhaltensentwicklung beginnt bereits im Mutterleib und hängt davon ab, welche Einflüsse die Hündin in der Zeit der Trächtigkeit erfährt. Hundemütterlicher Dauerstress führt bereits in der Geborgenheit der Gebärmutter zu Veränderungen im Gehirn der Welpen. Jungtiere aus solchen Gegebenheiten kommen unsicher und mit weniger gut ausgebildeten Kompetenzen zur Welt, sie entwickeln keine wirkungsvollen Stressbewältigungsstrategien, ihre Lern- und Bindungsfähigkeit ist eingeschränkt, und auf Außenreize reagieren sie oft unpassend, also entweder mit Ängstlichkeit und Rückzug oder mit unangemessener Aggressivität. Sie haben somit denkbar ungünstige Startbedingungen, die man nur mit viel Mühe, oft aber überhaupt nicht in die richtigen Bahnen lenken kann. Das so oft gehörte »Der ist ja noch jung, da ist noch alles drin, wir haben ja noch die ganze Prägephase vor uns« stimmt mithin nur bedingt.

Schade ist, dass diese Erkenntnis sich leider immer noch nicht herumgesprochen hat, ist sie doch so bedeutsam. Viele der immer häufiger werdenden Probleme mit Angst, Stress und Aggression beim Hund ließen sich von Anfang an vermeiden, wenn man den vorgeburtlichen Einflüssen mehr Bedeutung beimessen würde.

Stress beginnt im Mutterleib

Hat die Mutter in der Trächtigkeit Stress, wird das Stresshormon Kortisol aus ihrer Nebennierenrinde ausgeschüttet. Dieses fettlösliche Hormon, das übrigens fast identisch mit dem Kortison ist, das der Arzt oder der Tierarzt uns oder unseren Hunden verschreibt, ist plazentagängig, das heißt, es kann über den Mutterkuchen und den Nabelschnurkreislauf in die Welpen gelangen. Und dort hinterlässt es Spuren. Die Veränderungen in der Verhaltensentwicklung, die der Welpe vorgeburtlich erfährt, sind also nicht durch Lernerfahrungen bedingt, sondern laufen auf hormoneller Ebene ab. Dies passiert vor allem im letzten Drittel der Trächtigkeit, die beim Hund normalerweise 63 Tage dauert. Die Folgen sind fatal!

Besonders tragisch sind in diesem Zusammenhang die Folgen für den Welpen, die sich direkt auf dessen Stresszentrum im Gehirn auswirken. Denn dieses wächst mit seinen Aufgaben, sprich, je mehr Kortisol über die Mutter darauf einwirkt, desto größer und reaktiver wird es. Und das bleibt ein Hundeleben lang so.

Dieses Stresszentrum im Gehirn der Welpen hat wiederum direkte Verbindungen zu der Drüse, die die Stresshormone produziert. Das wären zum einen das bereits erwähnte Kortisol aus der Nebennierenrinde und zum anderen die Stresshormone Adrenalin, das sogenannte Fluchthormon, und Noradrenalin, das sogenannte Kampfhormon, aus dem Nebennierenmark. Diese Stresshormonsysteme bleiben ein Hundeleben lang leichter und schneller erregbar als bei Hunden, die diesen vorgeburtlichen Einflüssen nicht ausgesetzt waren. Hunde mit solch einer Vorgeschichte reagieren also unter Umständen ihr Hundeleben lang viel heftiger auf kleinste Stressoren, die einem Hund ohne diese vorgeburtlichen Einflüsse egal sind.

SCHRÄGE TYPEN

Wenn ein Welpe vor der Geburt Stress im Mutterleib erfahren hat, kann man auch körperlich die Spuren sehen: Oft entstehen durch den Stresshormoneinfluss Asymmetrien im Körperbau. Diese müssen nicht offensichtlich sein, es kann sich zum Beispiel auch um leichte Verschiebungen der Schädelknochen, Zahnfehlstellungen oder Sonstiges handeln.

> Mutterliebe auf Hündisch: Das Schnauzenlecken lässt Oxytocin sprudeln.

Anfälliger für Krankheiten

Die vorgeburtliche Stresshormon-Flut hat auch andere Auswirkungen: Zum einen sind die Welpen weniger widerstandsfähig gegen Infektionen, weil Kortisol das Immunsystem unterdrückt. Zum anderen senkt es bei der Mutterhündin den Spiegel des Schwangerschaftshormons Progesteron, das für die Aufrechterhaltung einer Trächtigkeit notwendig ist. Die Folge ist, dass die Welpen im Mutterleib schlechter versorgt werden. Tatsächlich findet man bei Welpen von dauergestressten Hündinnen oft geringere Geburtsgewichte, und

die Kleinen schaffen auch nicht die täglichen Gewichtszunahmen, die Welpen von stabilen und ungestressten Hündinnen erreichen. Stress im Mutterleib hat auch Auswirkungen auf die Effektivität des sogenannten Bindungshormons Oxytocin. Dieser »hormonelle Sozialkleber« spielt überall dort eine Rolle, wo es um Bindungen geht, also bei der Hund-Hund-Bindung, der Mutter-Kind-Bindung oder eben auch der Mensch-Hund-Bindung, die für Familienhunde so wichtig ist. Denn Oxytocin wird benötigt, um die individuellen Eigenschaften des Bindungspartners zu erkennen.

Man weiß, dass aufgrund des vorgeburtlichen Stresses der Mutter und bei einer in den ersten Lebenswochen der Welpen überforderten, weil unerfahrenen oder gestressten Mutter weniger Bindungsstellen, sogenannte Rezeptoren, für das Oxytocin im Welpen angelegt werden. Also hat der Zustand der Hundemama rund um den Geburtszeitpunkt ganz direkten Einfluss auf die spätere Bindungsfähigkeit der Hunde. Oxytocin hat zugleich stressdämpfende Wirkungen, es ist also ein Gegenspieler der Stresshormone.

Den Hundecharakter akzeptieren

Sie sehen also, dass wir vieles nicht mehr ändern können, wenn der Hund erst auf der Welt ist. Darum ist es so wichtig, auf die Herkunft des Hundes Wert zu legen – oder wenn man das nicht kann, sich darüber im Klaren zu sein, dass dieser Hund, der gerade bei uns eingezogen ist, jede Menge Altlasten im Gepäck hat, mit denen

Mensch sich arrangieren muss. Natürlich kann man an diesen Baustellen arbeiten, man muss es sogar, aber gewisse Dinge lassen sich eben nicht mehr ändern. Unserer Erfahrung nach nimmt man sehr viel Druck aus einem Mensch-Hund-Team, wenn man die Charaktereigenschaften eines Hundes akzeptiert – ohne sie als Ausrede zu verwenden! – und versteht, dass nicht aus jedem Hund der »Kumpelhund« wird, der einen in den größten Trubel der Stadt begleitet, Nerven wie Drahtseile hat, der sich im Tumult eines Hauptbahnhofs wohlfühlt, der Everybody's Darling ist oder jedem Artgenossen voll Freude begegnet. Unter Hundepersönlichkeiten gibt es eine ebenso große Vielfalt wie unter menschlichen Charakteren. Wenn ich meinen Hund mit seinen Anlagen so nehme, wie er ist, und nicht auf Teufel komm raus versuche, ihn zu dem zu verbiegen, was ich gerne hätte, wird das Leben für Hund und Mensch in vielem leichter.

> Souveräne Alttiere sind eine sichere Basis und gute Vorbilder für Welpen.

>> Für Welpen gibt es jeden Tag etwas Neues zu entdecken. Noch tapsig erkunden sie neugierig ihre Umwelt.

>> Mit allen Sinnen auf Entdeckungsreise: Auch der Bewegungsapparat wird trainiert und der Muskelaufbau beschleunigt.

DIE ENTWICKLUNGSPHASEN EINES HUNDES

Jetzt werfen wir einen Blick auf die wichtigsten Entwicklungsphasen des Welpen, weil auch sie natürlich den Hund beeinflussen und zu dem Canis pubertus machen, der unsere Schuhe liebt, gerade unser Haus auf den Kopf stellt und uns zuweilen den letzten Nerv raubt.

Nach der Geburt – die neonatale Phase

Wie immer beginnt es ganz harmlos. Diese Phase, die von der Geburt bis zum 14. Lebenstag dauert, nennt man die neonatale oder auch die Neugeborenen-Phase. Die kleinen Würmchen können anfangs nicht viel tun, außer zu wachsen, zu schlafen, zu saugen und auszuscheiden.

Aber selbst das Ausscheiden von Kot und Harn funktioniert zunächst nur mithilfe der Mutter, die dazu die Anogenitalregion der Kleinen durch Belecken mit der Zunge stimulieren muss. Die Zwerge sind auch noch nicht in der Lage, ihre Körpertemperatur allein zu regulieren, denn sie können erst ab der zweiten Lebenswoche zittern, um durch die Muskelkontraktionen Wärme zu bilden. Aber sie können bereits warm und kalt unterscheiden. Wenn sie versehentlich zu weit entfernt von der Mutter liegen und drohen auszukühlen, reicht ein genetisch fixierter Hilfeschrei, damit die Mutter kommt, um den Abtrünnigen zu bergen und wieder in den wärmenden Bereich zurückzutragen.

>> Neugierde macht kopflos. Vielleicht ist im Stiefel ja ein Leckerchen versteckt?

>> Alles ist spannend. Mit der Nase die Umwelt erkunden, trainiert den Geruchssinn.

Dieser Hilfeschrei ist übrigens nicht nur bei den Kleinen genetisch fixiert, auch die Hündin weiß instinktiv, was nun zu tun ist. Genauso ist das sonstige Verhalten der Welpen in diesen ersten beiden Lebenswochen streng genetisch fixiert. Bei den Kleinen funktionieren aber bereits Geschmacksempfinden, Geruchs- und Tastsinn sowie natürlich die Bereiche im Gehirn, die für Atmung, Herzschlag und Gleichgewichtssinn zuständig sind. Außerdem zeigen sie schon Schmerzreaktionen und Schreckreaktionen auf laute Geräusche. Der Rest des Gehirns, des Körpers und des Nervensystems wachsen und

entwickeln sich. Im zentralen Nervensystem kommt es zur Bildung von Schutzhüllen um die Nervenfasern (sogenannte Myelinisierung). Dieser Prozess beginnt im Gehirn und setzt sich langsam nach hinten und unten fort. Deshalb funktioniert die Motorik von Hundewelpen anfangs vorne besser als hinten.

Erstes Lernen

Übrigens ist milder (!) Stress in dieser Phase vorteilhaft. Ein leicht frierender oder auch hungriger Welpe muss aktiv werden, um zum Beispiel sein Bedürfnis nach Wärme oder Nahrung zu befriedigen. Dabei bekommt er ganz nebenbei erstmals in seinem Leben Grundinformationen über das Prinzip des Lernens. Man könnte hier sogar von Clickertraining für Neugeborene sprechen: Der Welpe hat ein Grundbedürfnis, wird aktiv und bekommt für die richtige Problemlösung eine Belohnung in Form von Wärme oder Muttermilch. Außerdem fördert dieser milde Stress das Immunsystem und sorgt dafür, dass der Hund sein Leben lang mit Stress und verschiedenen Belastungen besser umgehen kann – eine der wichtigsten Grundvoraussetzungen für ein langes und zufriedenes Hundeleben.

Die Übergangsphase – die dritte Lebenswoche

Die nächste Phase ist die sogenannte Übergangsphase. Sie dauert nur eine Woche, nämlich vom 14. bis zum 21. Lebenstag. In dieser Zeit tritt der Welpe erstmals mit seiner Umwelt in Kontakt. Er öffnet die Augen und die Ohren, je nach Rasse zwischen dem 11. und 15. Tag. Visuelle und akustische Reize können allerdings erst ab der 3. Lebenswoche wirklich verarbeitet werden. Außerdem brechen nun die Milchzähne durch. Die vermehrte Bewegung trainiert weiterhin die Muskulatur und wird immer koordinierter. Die Kleinen sind jetzt auch in der Lage, selbstständig Kot und Harn abzusetzen.

Die Sozialisationsphase – die sensible Phase

Die Sozialisationsphase, die fließend in die sogenannte Juvenilphase übergeht, ist die entscheidende Phase im Hundeleben. Bis vor Kurzem hat man sie in alle möglichen Unterphasen unterteilt. Da aber diese Phasen in ihrer Dauer und Ausprägung sehr variabel sind und von der Rasse und dem Individuum abhängen, fasst man die Zeit zwischen der vierten Lebenswoche und der Pubertät ab etwa dem sechsten bis neunten Monat als Sozialisationsphase zusammen. Zu Beginn dieser Phase nehmen die Neugier und die sozialen Beziehungen sowohl zu den Geschwistern als auch zu den menschlichen Mitbewohnern zu. Außerdem kommt es bis zur sechsten Lebenswoche immer noch zu Zellteilungen im Hundehirn. Danach ist allerding Schluss damit, ab dann werden »nur noch« bestehende Nervenzellen weiter vernetzt, und die Vernetzungen werden stabilisiert. Damit sind wir bei einem ganz entscheidenden Punkt angelangt: Nur Verknüpfungen, die benötigt werden, bleiben auch vorhanden. Alles, was nicht benötigt wird, weil die Reize fehlen, die es als Stimulus dafür braucht, wird in der Pubertät unwiderruflich abgebaut. Je mehr Umwelteindrücke der Hund also erfährt, desto mehr stabile Verknüpfungen entstehen und desto leistungsfähiger sind nachher der Hund, sein Gehirn und sein Organismus. Hunde, die in dieser Phase die für sie und ihre Umwelt richtigen und wichtigen Reize präsentiert bekommen, können sich ihr Hundeleben lang besser auf Stress und wechselnde Lebensbedingungen einstellen. Zu diesen

WELPEN MÖGLICHST UNTERSCHIEDLICH FÜTTERN

Auch Futter muss der Hund kennenlernen, und zwar möglichst viele verschiedene Sorten, Arten und Inhaltsstoffe. Denn bei Hunden gibt es eine Futterprägung, die leider viel zu oft vernachlässigt wird. Welpen werden, wenn die tragende Hündin mit nur einem bestimmten Futter gefüttert wird, bereits im Mutterleib auf das zukünftige Futter geprägt. Bekommen nun diese Welpen als erste feste Nahrung wieder dasselbe Futter, wird dieses endgültig geprägt. Manchmal schon beim neuen Besitzer, aber spätestens, wenn Allergien oder Erkrankungen auftauchen, die eine bestimmte Diät erforderlich machen, wird eine zu enge Prägung zum Problem, da der Hund das »neue« Futter verweigert. Achten Sie also darauf, dass der Welpe rohes, gekochtes, Trocken- und Dosenfutter kennenlernt – und das alles von verschiedenen Herstellern und aus unterschiedlichen Inhaltsstoffen. Natürlich empfiehlt es sich trotzdem, ein hochwertiges, passendes Futter als »Hauptfutter« zu verwenden.

> Gerade Welpen brauchen viele unterschiedliche Reize, beispielsweise ein Bällchenbad.

Reizen gehören zum Beispiel der Lebensraum des jeweilgen Hundes, Artgenossen, Menschen, Geräusche, Futter und vieles mehr.

Die Qualität und die Quantität der erfahrenen Umwelteindrücke bilden dann quasi ein Bezugssystem aus, das bei allen Entscheidungen, denen sich der Hund in seinem gesamten Leben stellen muss, herangezogen wird. Fehlen diese wichtigen Erfahrungen, kann sich das Gehirn nicht so entwickeln, wie es eigentlich sollte, und es kommt zu Mängeln, die nach der Pubertät nicht mehr rückgängig gemacht werden können. Wenn Sie also zum Beispiel einen Hund aus Ostanatolien von der Straße haben, so hat dieser sicherlich wichtige Umweltreize seiner ehemaligen Heimat präsentiert bekommen, und sein Gehirn hat diese auch verarbeitet und die entsprechenden dazugehörigen Verknüpfungen geschaffen. Aber das sind eben ganz andere Reize als die, mit denen ein junger Hund hier in unserer Zivilisation konfrontiert wird. Das führt dann oft zu Problemen für Hund und Halter, wenn dieser Hund nun plötzlich mit einer Großstadt und ihren Reizen konfrontiert wird. Der Youngster muss also in seinem Verhaltensrepertoire dieses Bezugssystem für »Bekanntes und Gewohntes« anlegen können, um sich nachher seinen Lebensumständen anpassen und sich in verschiedensten Situationen angemessen verhalten zu können. Positive Lernerfahrungen, die besonders in dieser Zeitspanne enorm wichtig sind, vermitteln dem Welpen ein Gefühl von emotionaler Sicherheit und Kontrolle über die an ihn gestellte Anforderung und stärken dadurch sein Selbstvertrauen. Darum sollte der Hund gerade in dieser Zeit so viel positive Erfahrungen wie möglich machen, um das Risiko von eventuell später auftretendem unangemessenem Meideverhalten in alltäglichen Situationen so gering wie möglich zu halten. Alles in dieser Zeit negativ Abgespeicherte kann weitreichende Folgen für das spätere Verhalten des Hundes haben! Passen Sie also gut auf Ihr Hundchen auf, und tragen Sie dafür Sorge, dass er keine negativen Erfahrungen macht, die er nicht bewältigen kann.

Fordern, aber nicht überfordern

Für Sie als Halter ist es wichtig, dass Sie den Welpen zwar früh fördern und fordern, ihn aber keinesfalls überfordern! Wichtig für Ihren Hund ist es in dieser Zeit, dass er Reize präsentiert bekommt, die er aktiv aufsuchen kann, wenn er will, dass er aber nicht durch ein »Zuviel« überfordert wird. Denn heutzutage sieht man sehr viele überforderte Hunde – meist passiert das durch Unwissenheit des Besitzers, der es in der Regel optimal machen will und dabei über das Ziel hinausschießt. Auch hier gilt: Die Dosis macht das Gift. Also ist »montags Hauptbahnhof, dienstags Flughafen, mittwochs Fußgängerzone, donnerstags Hundeschule ...« nicht zielführend. Lassen Sie Ihren

Hund das Tempo bestimmen, mit dem er neue Reize kennenlernen und erforschen möchte. Bieten Sie ihm verschiedene Geräusche, Dinge, Menschen, Bodenuntergründe, Futtersorten und Ähnliches an, aber überlassen Sie ihm die Geschwindigkeit der Kontaktaufnahme. Denn der Weg ist immer eine Zweibahnstraße zwischen Welpe und Umwelt: Der Welpe sucht Reize gezielt auf und formt dadurch seine Umwelt, und diese wiederum nimmt Einfluss auf ihn oder besser auf sein junges Gehirn. Aus diesem Grund wird die Sozialisationsphase oft auch als sensible oder kritische Phase bezeichnet, allerdings gibt es nicht nur die erste kritische Phase von der vierten bis zur zwölften Lebenswoche, sondern auch eine zweite zu Beginn der Pubertät, also rasseabhängig um den sechsten bis neunten Monat herum. Was in dieser Phase vor allen Dingen beachtet werden muss, schauen wir uns im nächsten Kapitel an.

❯ Die frühe Gewöhnung an Kinder ist ein Muss, damit es später keine Probleme gibt.

DIE PUBERTÄT

Alles, was der Hund bis jetzt gelernt hat, muss ihm nun erneut präsentiert werden. Geschieht dies nicht, gehen die bereits erfolgten positiven Lernprozesse verloren.

DIESER ANSCHLUSS IST VORÜBERGEHEND NICHT BESETZT

Die Pubertät und ihre Späterscheinungen in der sogenannten Adoleszenz, also der Phase des Erwachsenwerdens, enden bei unseren Hunden erst im Alter von mehreren Jahren. Leider, werden jetzt diejenigen denken, die ein extrem pubertierendes Exemplar zu Hause haben ... Auch bei Herrn Meier dauerte es eine gefühlte Ewigkeit, bis die letzten Wellen der Pubertät verebbt waren: Immer wenn ich mich nach zwei eher ruhigeren Wochen vorsichtig zu freuen begann, dass der Spuk nun endlich ein Ende hatte, kam eine weitere Pubertätswelle, die subjektiv betrachtet alles bisher Dagewesene geradezu harmlos erscheinen ließ.

Bis zum Alter von zweieinhalb Jahren schwankte der Beagle Herr Meier zwischen »Lass uns morgen die Begleithundeprüfung mit Bravour ablegen« und »Sitz? Was war das gleich? Noch nie gehört ...«. Danach kehrte langsam, aber sicher dauerhaft Ruhe ein, auch wenn ich dem Frieden zunächst nicht so recht trauen wollte.

Da die Übergänge zwischen Pubertät und anschließender Adoleszenz fließend und oft nicht eindeutig abgrenzbar sind, besprechen wir im Folgenden die hormonellen Vorgänge und Auswirkungen von beidem gemeinsam. Grob lässt sich aber sagen, dass die Pubertät nur einige Monate dauert, während die anschließende Adoleszenzphase in Abhängigkeit von der Rasse mehrere Jahre dauern kann.

Wann ist ein Hund erwachsen?

Während der Pubertät erreichen die Jungspunde ihre Geschlechtsreife. Diese tritt bei den meisten domestizierten Tieren – wie auch bei uns Menschen – relativ früh ein, was aber nicht bedeutet, dass das Individuum nun erwachsen ist, also eine geistige und emotionale Reife erlangt hat. Theoretisch kann Hund sich nun fortpflanzen, ist aber noch lange nicht erwachsen und in der Lage, Welpen auch souverän aufzuziehen. Die Geschlechtsreife und die sogenannte Zuchtreife sind also zwei verschiedene Paar Schuhe, was seriöse Züchter auch wissen und beachten. Rasseabhängig kann es bis zu drei oder vier Jahre dauern, bevor ein Hund sozial und psychisch erwachsen ist (Adoleszenzphase). Es gibt natürlich auch bei Hunden Frühentwickler und Spätzünder. Kleine Hunde kommen früher in die Pubertät und beenden sie auch schneller als Angehörige großer Rassen. Bei einem Kuvasz braucht man also ein etwas größeres Paket an starken Nerven als bei einem Yorkie. Als grober Richtwert gilt, dass Hündinnen frühestens nach dem vollständigen Durchlaufen der dritten Läufigkeit, einschließlich nachfolgender Scheinschwangerschaft und Scheinmutterschaft, als erwachsen anzusehen sind. Dies zeigen auch viele Erfahrungsberichte. Die Entwicklungsgeschwindigkeit des Rüden unterscheidet sich nicht wesentlich von der einer Hündin.

Hormonelle Abläufe im pubertären Gehirn

Gerade die Auswirkungen der Pubertät auf das Nervensystem wurden in den letzten Jahren sowohl beim Menschen als auch bei Labortieren so ausführlich untersucht und dokumentiert, dass eine Übertragung der Erkenntnisse auf den Hund durchaus erlaubt scheint. Die zugrunde liegenden chemischen Prozesse laufen zumindest bei höheren Säugetieren überall gleich ab. Deswegen werfen wir zunächst einen etwas intensiveren Blick auf die hormonellen Vorgänge des pubertären Hundegehirns.

Der Startschuss für den Beginn der Pubertät wird durch das »Anschalten« von sogenannten Pubertätsgenen gegeben. Der Zeitpunkt des Eintritts in die Pubertät wird allerdings auch durch äußere Bedingungen beeinflusst wie Ernährung, Ernährungszustand oder auch Stress, die den

❯ Kleine Hunde reifen und wachsen schneller als die großen Rassen.

Beginn der Pubertät entweder beschleunigen oder verzögern können. Ist eine Hündin normalgewichtig, so wird über das Hormon Leptin eine Meldung ans Gehirn gegeben, dass der Körper ausreichend Reserven für eine Trächtigkeit besitzt und die Pubertät nun eingeläutet werden kann. Wenn ein Tier dagegen stark untergewichtig ist, lohnt sich der Eintritt in die Pubertät rein biologisch gesehen nicht, denn der Zweck ist ja die Fortpflanzung. Auch Stress, ausgelöst durch das Stresshormon Kortisol, führt zu einem verspäteten Eintritt in die Pubertät.

Ist der Körper schließlich bereit, sich mit der Pubertät auseinanderzusetzen, wird unter dem Einfluss der Kiss-Peptine zunächst ein Hormon im Gehirn gebildet, nämlich das sogenannte Gonadotropin Releasing Hormon, kurz GnRH. Dieses Hormon wiederum aktiviert die Freisetzung der Geschlechtshormone aus den Geschlechtsorganen, also des Testosterons aus den Hoden beim Rüden und des Östrogens und Progesterons aus den Eierstöcken der Hündin. Wie in allen hormonellen Regelkreisen, kann man auch diesen nicht isoliert betrachten, weil man nie an nur einer Hormonschraube drehen kann, ohne auch weitere zu verstellen. So zieht dieser pubertäre Anstieg der Geschlechtshormone seinerseits im Körper eine Reihe von Folgereaktionen nach sich. Die Produktion von Hormonen aus der Schilddrüse, unter anderem auch des Wachstumshormons, wird gestartet, und das wiederum ist der Auslöser für die Beendigung des Längenwachstums und damit für den weitgehenden Stopp des gesamten Größenwachstums eines Jugendlichen, beziehungsweise in unserem Fall eines Junghundes. Auch das Herzkreislaufsystem, die Muskulatur und die

>> Frauchen, kennst du dich in dem Wirrwarr der Hormone in meinem Körper aus?

>> Ein selbstbewusster junger Hund geht auch gern gelegentlich seine eigenen Wege.

>> Testosteron macht mutig. Da verliert auch Wasser schnell seinen Schrecken.

AUS GRAUER WIRD WEISSE SUBSTANZ

Beim Umbau des Gehirns in der Jugend kommt es zur Umwandlung der sogenannten grauen Substanz in weiße Substanz. Letztere enthält schnellere Nervenverbindungen und ist damit insgesamt leistungsfähiger. Die Umwandlung von Grau in Weiß ist durch die fortschreitende Myelinisierung der Nervenfasern bedingt. Bei den weiß erscheinenden Myelinhüllen oder -scheiden handelt es sich um Isolierungen rund um die Nervenfasern, die Kurzschlüsse verhindern und für eine effektivere und um das 50-Fache beschleunigte Reizweiterleitung sorgen. Wissenschaftler gehen davon aus, dass der auffällige geistige Leistungsabfall zu Beginn der Pubertät – erkennbar an Herrn Meiers »Was war ›Sitz‹ noch?« – auf eben diese Umwandlungsprozesse der grauen zur weißen Gehirnmasse zurückzuführen ist.

Muskelsteuerungssysteme werden in der Pubertät in ihrer Wirkung und Funktion verändert, was zum Beispiel den auffallend schlaksigen Gang vieler Jugendlicher und Junghunde erklärt.

Wegen Umbau vorübergehend geschlossen?
Besonders interessant ist in diesem Zusammenhang die Wirkung der Sexualhormone und des von ihnen ausgelösten Nervenwachstumsfaktors im Gehirn. Dort werden eine Reihe von Vorgängen zur Verbesserung der Leistungsfähigkeit angekurbelt und die Aufgaben zwischen verschiedenen Hirnabschnitten neu verteilt. Das Gehirn wird zur Großbaustelle.
Dadurch werden beispielsweise mehr Zuständigkeiten in die Hirnregionen für rationale Entscheidungen und sogenannte kognitive, also höhere geistige Leistungen abgegeben. Dafür bekommen die emotional reagierenden Teile des sogenannten limbischen Systems weniger Zuständigkeiten. Das Verhalten wird also insgesamt vom emotionalen und infantilen Handeln weg und zum mehr rationalen, erwachsenen und vernünftigen Verhalten hin verlagert. Der

große Gewinner dieser Aufgabenneuverteilung ist vor allem das sogenannte Frontalhirn, also die vorderen, im Stirnbereich liegenden Teile der Großhirnrinde. Man weiß aus der menschlichen Forschung, dass das Frontalhirn von Kindern anders beschaffen ist als das von Jugendlichen. Diese Hirnregion hat zum Beispiel die Aufgaben, Entscheidungen zu treffen, Informationen im Kopf zu behalten und eine gewisse Planbarkeit zu ermöglichen.

Weniger ist mehr
Im Zuge der Neuorganisation kommt es auch zu einer starken Verminderung der Verknüpfungspunkte zwischen Nervenzellen, den sogenannten Synapsen. Beim Menschen werden in der Pubertät pro Sekunde zirka 30 000 solcher Synapsen abgebaut! Aber keine Sorge, es bleiben noch ausreichend Synapsen übrig. Gleichzeitig werden die einzelnen Nervenzellen größer. Dadurch wird quasi die Rechnerkapazität erhöht und gleichzeitig die Weiterleitung der Daten verbessert. Im pubertären Gehirn werden also die bisherigen Kupferkabel zu einer schnellen

Glasfaser-Datenautobahn ausgebaut. Unnötige Nebenstrecken werden abgebaut und dadurch die Verknüpfungen optimiert. Die Leitungsgeschwindigkeit wird deutlich beschleunigt. Dies geschieht durch die verbesserte Ummantelung der Nervenfasern mit einer isolierenden Myelinschicht (siehe Info, links), die zu einer erheblichen Beschleunigung der elektrischen Reizweiterleitung in den betreffenden Fasern führt. Dieser sehr tiefgreifende Umbau des Gehirns während der Pubertät, um es an die neue Lebenssituation anzupassen, ist im gesamten Leben einmalig. Es gibt also tatsächlich berechtigte Hoffnung auf Besserung, wenn Sie das mit Ihrem Herrn Meier durchgestanden haben. Genauso wichtig für die Entwicklung sind jedoch – wie bei der Welpenentwicklung beschrieben – frühere Phasen im Hundeleben, die nachhaltige Spuren im Hundehirn hinterlassen. Denn was das Gehirn jeweils so einzigartig und individuell macht und die Hirnrinde strukturiert, sind nicht einstudierte Trainingsziele, sondern die selbst gemachten Erfahrungen und deren emotionale Spuren, also all das, was irgendwie unter die Haut geht und wobei Hund sich selbst als einflussnehmend auf die Situation, also als kompetent, oder aber auch als hilflos, ausgeliefert und unfähig erlebt. Denn nur dann kommt es auch zur Aktivierung der sogenannten emotionalen Zentren im Gehirn, sprich, das limbische System, das für Gefühle und Emotionen zuständig ist, wird angeschaltet. Es werden dann auch vermehrt neuroplastische, also nervenformende Botenstoffe freigesetzt, die zu Veränderungen der Bildung von bestimmten Genen führen und so die Neubildung von Nervenverknüpfungen starten und all jene Verschaltungen im Gehirn unterstützen und dauerhaft beibehalten, die erfolgreich zur Lösung eines Problems aktiviert wurden. In der

› Wie war das noch gleich: Ich darf gar nicht auf eurem Bett liegen?

Humanpsychologie spricht man von »struktu-rellen Verankerungen von Erfahrungen«. Damit im Hundegehirn möglichst komplexe Verschal-tungsmuster entstehen und stabilisiert werden, brauchen Welpen und Junghunde eine geistig anregende Umgebung. Dort können sie mög-lichst vielfältige, für ihre individuelle Lebens-bewältigung bedeutsame Erfahrungen von ihren eigenen Fähigkeiten machen: Sie lernen, »Ich kann das« und »Ich muss keine Angst haben«. Fehlen diese Erlebnisse, so fehlen auch die

zugehörigen Verknüpfungen im Gehirn: Der erwachsene Hund kann dann nicht mit schwie-rigen Situationen umgehen. Dann bleiben einem Hund nur noch die Bewältigungsstrategien Angriff, Flucht oder Erstarrung übrig.

Pubertät als Chance

So anstrengend die Pubertät und das ständige Infragestellen alles bisher Gültigen für Halter – und Hund – auch sein mögen, so liegt darin doch auch immer die Chance, eine andere,

> David gegen Goliath. Lassen Sie Ihren Hund auch mal gewinnen.

>> Jeder neue Umweltreiz bildet sich im Gehirn ab. Auch an Radfahrer müssen sich viele junge Hunde erst einmal gewöhnen.

>> Eine Hundebox ist für manchen Jungspund ganz schön bedrohlich. Mit Geduld und sehr viel positiver Bestärkung klappt es aber dann doch.

bessere Lösung zu finden. Gerade die bisher angelegten Verschaltungen im Frontalhirn für Bewertungen von Situationen und für Entscheidungen sind unter Einfluss des Halters, anderer Hunde oder des eigenen Rudels entstanden. Die Pubertät ist der Zeitrahmen, in dem man all das noch einmal auf Tauglichkeit für die eigenen Lebensumstände überprüfen kann, bevor man sich endgültig in die Gruppe einfügt. Oder eben auch nicht: Sicherlich würden viele unverstandene Hunde in der Pubertät gerne ihre Köfferchen packen und abwandern, wenn sie die Möglichkeit dazu hätten. Wir können also immer wieder nur an Sie als Halter appellieren, Ihrem Hund gegenüber Verständnis zu zeigen. Üben Sie Nachsicht, geben Sie ihm täglich das Gefühl, »Du gehörst zu uns«, und vergessen Sie trotzdem nicht die Konsequenz. Sie werden sehen, die Geduld lohnt sich, und Ihr Jungspund wird es Ihnen danken.

Warum ist der Hund, wie er ist?

Die Hirnforschung hat nachgewiesen, dass die Ausformung der im Gehirn entstehenden Verschaltungsmuster in viel stärkerer Weise als bisher vermutet davon abhängt, wie und wofür ein Tier sein Gehirn benutzt.

Die Nervenverbindungen im Gehirn werden in der Pubertät wieder gelöst. Dies geschieht nach dem Prinzip: Was gebraucht wird, bleibt, was brachliegt, wird abgebaut. Bei diesen Prozessen verlieren menschliche Jugendliche etwa 15 Prozent ihrer Hirnmasse, beim Hund werden die Zahlen nicht viel anders sein.

Wir als Hundehalter haben eine große Verantwortung, unserem Hund die besten Bedingungen zu ermöglichen, damit er in seiner Umwelt gut zurechtkommt. Wie schwierig das dann zum Beispiel bei Hunden aus dem Ausland oft ist, die unter ganz anderen Umweltbedingungen aufgewachsen sind, oft keinen Kontakt zu Men-

> Hunde unter sich: Hey, du da oben. Lust, mich kennenzulernen?

schen hatten oder nur negative Erfahrungen mit unseren Artgenossen gemacht haben und die eine komplett andere Futterprägung erfahren haben, kann sich jeder selbst ausmalen oder hat es vielleicht schon einmal erlebt.

Anschluss vorübergehend gestört

Aber warum ist nun der Hund in der Pubertät vielfach so anstrengend? Aus neurobiologischer Sicht entsteht in der Pubertät zeitweilig ein Frontalhirndefizit mit all seinen fatalen Folgen. Da das Frontalhirn der Teil des Gehirns ist, der Impulse kontrolliert, Handlungen plant und die Folgen von Handlungen abschätzt, ist klar, dass der pubertierende Hund all das vorübergehend nicht wirklich leisten kann. Impulskontrolle und Risikoabschätzung sind also nicht unbedingt die Stärke pubertierender Junghunde. Im Gegenteil, der Hormon-Boogie-Woogie verwirrt auch sie.

Auf der Ebene der Botenstoffe spielt das Dopamin eine wichtige Rolle. Dopamin kann man als die Selbstbelohnungsdroge des Gehirns bezeichnen. Es wirkt als Verstärker für innere Impulse und sorgt dafür, dass ein Impuls in eine Handlung umgesetzt wird. Dieses dopaminerge System ist in der Zeit der Pubertät am stärksten ausgebildet, und wegen seiner selbstbelohnenden Funktion sind Junghunde immer begierig auf eine Stimulation dieses Systems, quasi immer auf der Suche nach dem Dopamin-Kick. In der Humanpsychologie spricht man vom »sensation seeking«. Je schlechter also in der Pubertät die bremsende Funktion des Frontalhirns funktioniert, das ja für Handlungsplanung, Folgenabschätzung und Impulskontrolle zuständig ist, und je stärker der dopaminerge Sprit zum Antrieb vorhanden ist, desto größer wird die Risikobereitschaft, und desto häufiger wird dann riskantes Verhalten gezeigt. Daher ist ein Bungeesprung mit Seil manchen Jugendlichen schon nicht mehr genug ... Dazu kommt, dass der Mandelkern, die Amygdala, das emotionale Bewertungszentrum des Gehirns, das die Wahrnehmung und die Reaktionen steuert, sich in dieser Phase vergrößert und intensiver auf Reize aus der Umwelt reagiert. Dies bedeutet, dass Reaktionen emotionaler ausfallen. Das ist leider auch ein guter Nährboden für Aggression. Der Canis pubertus testet also seine Grenzen aus und ist auch in Auseinandersetzungen risikobereiter – das hat er vom Wolf geerbt. Und genau das macht diese Zeitspanne eben zu einer der anstrengendsten im Hunde(halter)leben.

Das Gehirn wird effektiver

Wie bereits erwähnt, betreffen diese Vorgänge insbesondere den Bereich des vorderen Stirnhirns, der mit Entscheidungsfindung,

rationalem Handeln und Problemlösung befasst ist. Andere Bereiche der Großhirnrinde, die für die Verknüpfung von Informationen und damit für die (vernünftige) Bewertung von Außenreizen und deren rational sinnvolle Beantwortung zuständig sind, gehören ebenfalls zu den Gewinnern der pubertären Umorganisation. Die Auswirkungen dieser Neustrukturierung lassen sich sowohl durch die Messung von Hirnstrom-

RISIKO IST ARTERHALTEND

Auseinandersetzungen und das Ausloten von Grenzen sind beim Wolf biologisch sinnvoll, denn kein Jungwolf würde abwandern und eine eigene Familie gründen, wenn das nicht so wäre.

> Hunde haben ihre Visitenkarte immer mit dabei – gelesen mit der Nase.

ORIENTIERUNG AN IHNEN

Machen Sie nicht allzu oft den Fehler, den Spaziergang nach den Wünschen Ihres Kleinen zu gestalten, sondern lassen Sie ihn zwar anfangs schnüffeln, alles erkunden und sich lösen, aber bestehen Sie auch auf Teilen des Spaziergangs, bei denen Sie den Ton, die Richtung und das Tempo angeben. Ihr Hund muss lernen, sich an Ihnen zu orientieren – und nicht andersrum. Falls sein Freiheits- und Erkundungsdrang zu groß wird, behelfen Sie sich vorübergehend mit einer Schleppleine (siehe Seite 168). Diese ist zwar nervig und unpraktisch, aber trotzdem alternativlos. Ein kleiner Trost: Wenn Sie konsequent bleiben, haben Sie es später über das gesamte Leben Ihres Hundes wesentlich einfacher.

kurven als auch die Messung des Hirnstoffwechsels belegen. Beide Methoden zeigen, dass die Aktivität des Gehirns, besonders bei komplizierten Aufgabenstellungen, nun auf wenige Areale konzentriert wird, dafür dort aber umso intensiver erfolgt. Weniger ist in diesem Fall mehr – wo noch vor Kurzem ein großes Gehirn für alles nur ein bisschen zuständig war, übernehmen nun spezialisierte, kleine Areale mit mehr Effektivität die an sie gestellten Aufgaben.

> Die Pubertät sorgt dafür, dass Hunde rationaler handeln und souveräner werden.

Arbeitsteilung im Gehirn

Eine letzte wichtige Wirkung der Hormone muss noch erwähnt werden: Die Östrogene, die weiblichen Geschlechtshormone, tragen ebenfalls im vorderen Bereich des Stirnhirns und im Bereich der beiden Großhirnhälften zu einer wichtigen Umorganisation bei, und zwar bei beiden Geschlechtern. Zum Beispiel werden die Aufgaben zwischen linker und rechter Großhirnhälfte zunehmend aufgeteilt. Manche Teile des Gehirns spezialisieren sich auf spezielle Themen, und die für ordnende und vorausschauende Handlungen zuständigen Bereiche des Stirnhirns werden zusätzlich gefördert. Die Verlierer des Umbauprozesses in der Großbaustelle pubertierendes Hundehirn sind besonders Teile des limbischen Systems, also des für Emotionen zuständigen Teils des Gehirns. Dort wird vor allem die Ansprechbarkeit auf erregende Botenstoffe, wie beispielsweise des natürlichen Stimmungsaufhellers Serotonin und des Dopamins, merklich verringert.
Im Gegensatz dazu steigt die Wirksamkeit des Dopamins im vorderen Stirnhirn an. Dadurch werden rationale Problembewältigung und

» Junge Hunde haben oft ein großes Interesse an Menschen. Positive Erfahrungen der ersten Lebensmonate bleiben meist ein Leben lang erhalten.

» Sie müssen aber auch unbedingt lernen, die Individualdistanz des Menschen zu respektieren. Das Anspringen von Fremden ist ein absolutes Tabu.

gelöste Lernaufgaben stärker positiv bewertet, und entsprechend werden ohne die positiven und belohnenden Wirkungen des Dopamins im limbischen System emotionale und unüberlegte Handlungen weniger häufig auftreten. Wenn unser Hund diesen Zustand erreicht hat, haben wir und unser Hund es tatsächlich geschafft, und die Pubertät ist endlich überstanden.

Stress lass nach!

Während der Pubertät erhöht sich auch die Aktivität der Nebennierenrinde, die das Stresshormon Kortisol produziert: Das erklärt die höhere Stressanfälligkeit in dieser Zeit. Außerdem kommt es zu einer verstärkten Ausschüttung des sogenannten Elternhormons Prolaktin, einem Gegenspieler des Kortisols. Der gesamte Hormoncocktail aus Stresshormonen, insbesondere aus Kortisol, Sexualhormonen, Nervenwachstumsfaktor, Prolaktin und anderen, wird in eine heftige Berg- und Talfahrt versetzt. Dies belegen Untersuchungen an Menschen, Hunden, Affen und weiteren Tierarten. Der Stresshormonspiegel ist bei allen Säugetieren während der gesamten Adoleszenz am höchsten. Daher kann es durchaus passieren, dass der Hund in seiner Welpenzeit Mülltonnen überaus spannend fand und keinerlei Schwierigkeiten damit hatte, nun aber plötzlich der Meinung ist, Mülltonnen seien böse, hundefressende Monster.

So kompliziert diese Zusammenhänge auch sein mögen, so wichtig sind sie doch, um den Hund besser verstehen und die Achterbahn seiner Gefühle nachvollziehen zu können.

RÜDE UND HÜNDIN IN DER PUBERTÄT

Bis zur Pubertät bestehen beim Hund keine offensichtlichen Geschlechtsunterschiede. Beide Geschlechter pieseln im Hocken – ganz nach »Mädchenart«. Doch das ist nicht das Einzige, das sich mit der Pubertät ändert.

Die Hündin – alles Hormone, oder was?

Bei der Hündin wird die Pubertät durch die Vorboten der ersten Läufigkeit eingeläutet. Sie bemerken das daran, dass Ihre Kleine zunehmend »durch den Wind« ist, die Konzentration nachlässt und die eben noch niedliche Welpendame je nach Persönlichkeit zur pöbelnden Tyrannin oder zum ruhigen, armen Hascherl wird und entsprechend eher aktiver, nervöser oder aber ruhiger, anhänglicher wird. Außerdem beginnt auch die Hündin schon im Vorfeld der ersten Läufigkeit damit, verstärkt zu markieren. Der Zeitpunkt, zu dem die Hündin das erste Mal läufig wird, variiert und hängt von verschiedenen Einflussfaktoren ab:

- Rasse- und größenbedingt werden kleine Hunde früher läufig als große.
- Stress verzögert den Eintritt in die Pubertät.
- Es gibt individuelle Unterschiede.

So ist alles, was sich in einem Rahmen von einem halben bis zu eineinhalb Jahren bewegt, als normal anzusehen, solange sich Ihre Hündin gut entwickelt und keine gesundheitlichen Probleme hat. Sollte sie allerdings in diesem Zeitrahmen nicht läufig werden, sollten Sie auf jeden Fall einen Tierarzt konsultieren.

Meist werden Sie die Rüden der Nachbarschaft oder auf der Hundewiese darauf aufmerksam machen, dass die erste Läufigkeit im Anmarsch ist. Das Interesse ist groß! Jetzt sind Sie gefragt: Lassen Sie Ihre Hündin nicht in einer Situation allein, in der sie von Rüden bedrängt wird, sondern stehen Sie ihr bei der Abwehr von aufdringlichen Verehrern bei! Denn sonst lernt Ihre Kleine, dass Angriff die beste Verteidigung ist.

Besser an die Leine

Spätestens wenn sie tatsächlich in den empfängnisbereiten »Stehtagen« ist, gehört sie sowieso an die Leine – deutlich sicherer ist es während der gesamten Läufigkeit! Diese Stehtage, an denen die Fortpflanzung möglich ist, halten sich übrigens nicht unbedingt ans Lehrbuch, in dem geschrieben steht, dass sie am Ende der Läufigkeit vom 11. – 14. Tag stattfinden, sondern können – vor allem im ersten Zyklus, in dem sich ja alles noch einpendeln muss – auch zu anderen Zeiten der Läufigkeit auftreten. Seien Sie also auf der Hut! Außerdem gibt es bei Hunden auch eine sogenannte »stille Brunst«, bei der man kein Blut sieht, sondern nur an der Reaktion der Hundemänner bemerkt, dass »etwas im Busch« ist. Sollten Sie diesen Verdacht haben, kann Ihnen Ihr Tierarzt weiterhelfen, indem er einen Abstrich macht und untersucht.

Aus Verhaltenssicht ist es in dieser Zyklusphase völlig normal, dass interessante Rüden angebaggert und als potenzielle Väter umgarnt, Konkurrentinnen hingegen vertrieben werden.

Der Rüde – neue Männer braucht das Land?

Der Rüde beginnt, sein Beinchen zu heben. Dieser besondere Tag wird von den meisten Rüdenbesitzern mit etwas Stolz registriert: »Hebt Ihrer auch schon das Bein?«, gehört im Junghundekurs in diesem Alter zu den meistgebrauchten Floskeln. Zum Teil wird es sogar leicht spöttisch kommentiert, wenn einer etwas später dran ist und mit einem knappen Jahr immer noch ganz weibisch in die Hocke geht. Diese zeitlichen Variationen hängen wieder vom Individuum und von der Rasse ab. Auch dabei sind oft die Hundezwerge früher dran. Jedenfalls ist ein in den Himmel gerecktes Beinchen ein erster sichtbarer Bote der aufkeimenden Pubertät. Die ersten Versuche sehen meist ziemlich albern aus, das Gleichgewicht muss erst noch gefunden werden. Doch hat Hund das einmal raus, gilt oft: höher, weiter, schneller, und das dreibeinige Markieren wird ausgiebig geübt und perfektioniert.

Macho, Macho …

Doch das nun anflutende Testosteron äußert sich nicht nur im Markieren, sondern auch in einer gewissen Tendenz zur Rüpelhaftigkeit. Es lebe der Macho! Auf der anderen Seite wird auch ein Macho in der Pubertät unsicher in manchen, eigentlich bis dato problemlos gemeisterten Situationen. Bei beidem muss der Halter entsprechend gegensteuern.

Ein weiteres, nun häufiges Verhalten ist das Aufreiten auf andere Hunde. Meist hat dies weder mit der oft unterstellten Dominanz noch mit echtem Sexualverhalten zu tun, sondern ist (vor allem unter Junghunden) nichts weiter als Spiel. Denn wie alle anderen Verhaltensweisen wird auch das Sexualverhalten im Spiel geübt und ist völlig normal. Beim Aufreiten kann es sich aber auch – je nach Situation, in der es gezeigt wird – um eine sogenannte Übersprungshandlung oder um eine Möglichkeit des Stressabbaus handeln. Draußen werden Sie schnell feststellen, dass Sie plötzlich nicht mehr der Mittelpunkt des Universums für Ihren kleinen Racker sind. Vielmehr beginnt er, eigene Wege zu beschreiten und ganz neue Hobbys zu entwickeln. Dazu gehört auch das mit dem eigenen Markieren verbundene Interesse an den Markierungen anderer Hunde. Dieses Verhalten wird nun Bestandteil seiner Art, die Umwelt wahrzunehmen.

> Wenn die Hormone leise rauschen, wird es beim Spiel auch schon mal heftiger.

DIE ADOLESZENZ

Selbst wenn Ihr Teenie die Pubertät nun endlich hinter sich hat, ist er noch längst nicht erwachsen und hat nach wie vor allerlei jugendliche Flausen im Kopf.

LÄNGST NOCH NICHT ERWACHSEN

Wir haben den Begriff zwar schon kurz erklärt, aber an dieser Stelle formulieren wir es noch einmal genau: Die Adoleszenz (abgeleitet vom lateinischen *adolescere* für *heranwachsen*) ist das Übergangsstadium in der Entwicklung von der Kindheit hin zum Erwachsensein. Sie stellt den Zeitabschnitt dar, währenddessen ein Mensch oder ein Tier zwar biologisch gesehen zeugungsfähig und körperlich so gut wie ausgewachsen ist, aber emotional und sozial noch nicht vollends gereift. Es gibt immer noch viel zu lernen!

Prozess der Loslösung

Begrifflichkeiten werden hier oft durcheinandergeworfen, und es gibt viele ungenaue Definitionen. Oft ist die Rede von den Flegeljahren, der Reifezeit oder auch immer noch von der Pubertät. Dabei ist die Adoleszenz die Zeit des Ablösens von der Familie und der Entwicklung der eigenen Persönlichkeit eines Hundes, die Zeit zwischen der Geschlechts- und der Zuchtreife.

Dass dieser Prozess je nach Rasse und Individuum unterschiedlich lange dauern kann, wissen Sie bereits. Bei großen Rassen oder deren Mischlingen können durchaus auch drei bis vier Jahre ins Land ziehen, bis die Adoleszenz abgeschlossen ist, so zum Beispiel bei den Doggen.

Unterschiede bei den Geschlechtern

Aber nicht nur die Größe spielt hinein, sondern auch das Geschlecht. Wie bei uns Menschen dauert es beim Rüden etwas länger, bis das Gehirn endgültig gereift ist. Auch in der Hundewelt haben die Damen die Nase vorn. Außerdem beeinflusst eine frühe Kastration den Zeitraum des Erwachsenwerdens. Was bei Kastraten häufig positiv als albern, kindlich oder verspielt bezeichnet wird, ist nichts anderes als eine verlängerte Adoleszenz, weil das Gehirn nach der Kastration langsamer reift und der besagte Umbau zum Teil gar nicht erst stattfindet (siehe Kapitel »Kastration«, Seite 202).

>> Nanu? Gestern war der Korb doch noch leer. Umwelterkundung mit Nase und Pfoten.

>> Intensives Beschäftigen mit unbekannten Objekten macht vielen jungen Hunden Spaß.

>> Das Ding gehört mir! Auch ein Holzscheit will gut bewacht werden.

Neue Prioritäten beim Youngster

Die beschriebenen hormonellen Mechanismen bedeuten für das Verhalten, dass der Hund auf einmal völlig andere Prioritäten hat als noch vor ein paar Wochen. Ihr eben noch anhänglicher Hundewelpe wird selbstständiger, und durch die veränderte Empfindlichkeit für Dopamin in dieser Zeitspanne kommt es in bestimmten Hirnbereichen zu einem leichter erregbaren »internen Belohnungssystem« und dadurch zu einem gesteigerten Erkundungsverhalten. Selbstbelohnendes Verhalten (siehe Seite 187) bekommt einen größeren Stellenwert, jeder Grashalm hat in den Augen Ihres Hundes zumindest zeitweise mehr zu bieten als Sie. Dem Hund fällt es schwer, sich von für ihn wichtigen und lohnenswerten Dingen zu trennen und sich stattdessen Ihnen zuzuwenden. Ressourcen, also alles, was dem Hund wichtig ist, und deren Verteidigung werden auf einmal bedeutend, ebenso wie tausend andere Dinge, die Ihr Hund plötzlich im Kopf hat. Auch sein Radius vergrößert sich zunehmend, weil ja alles plötzlich einen unwiderstehlichen Reiz auf den Teenie ausübt. Ärgerlich für uns Hundebesitzer ist dabei die lernverstärkende Wirkung des Dopamins, die dazu führt, dass diese selbstbelohnenden Handlungen sehr schnell positiv bewertet, erlernt und beibehalten werden.

VÖLLIG NORMALE VERÄNDERUNGEN

Aber bitte bedenken Sie, dass Ihr Hund dies keinesfalls tut, um Sie zu ärgern! Alle diese Veränderungen im Verhalten sind ein physiologisch völlig normaler Ablauf und dem Hormoncocktail der Jugend geschuldet. Es gibt also keinen Grund, wütend auf Ihren Hund zu sein, auch wenn uns bewusst ist, dass sich das leichter schreiben als umsetzen lässt. Denn auch wir Menschen und unsere Emotionen – »Wo war gleich das nächste Tierheim?«, »Warum habe ich mir das angetan?«, »Mach doch, was du willst, ich gehe nach Hause!« – bleiben von den Wirkungen unserer Hormone nicht verschont. Trotzdem hoffen wir, dass dieses Wissen um die zugrunde liegenden Vorgänge Ihnen hilft, Ihrem »verrückten« Hund in dieser Zeit mit etwas mehr Verständnis zu begegnen.

Das hat er ja noch nie gemacht!

Auch haben diese Probleme, entgegen dem, was man oft zu hören bekommt, nichts mit Dominanz oder Ähnlichem zu tun! Lassen Sie sich da nichts einreden und lesen Sie in Ruhe das Kapitel speziell zur Dominanz in diesem Buch (siehe Seite 86). Denn spätestens dann sollte klar werden, dass das aufmüpfige Verhalten Ihres Vierbeiners ganz weit entfernt von dominantem (= souveränem) Verhalten ist. Dafür können Sie getrost die Floskel »Das hat er ja noch nie gemacht!« loswerden, denn tatsächlich beginnen nun oft Probleme, die es vorher nicht gab. Wir sind einfach noch verwöhnt von den fantastischen und schnellen Lernfortschritten, die der oder die Kleine bis vor Kurzem noch gemacht hat, weil das Lernen dem Welpen ganz besonders leichtfiel. Und nun, über Nacht, ist da plötzlich dieser »Was war ›Sitz‹ noch?«-Blick, gekoppelt mit völliger Verständnislosigkeit seitens des Hundes. Nicht nur »Sitz«, auch andere bereits gelernte Notwendigkeiten des Alltags werden wieder zum Problem: Auch wenn

Ihr Hund bisher ohne Schwierigkeiten allein gelassen werden konnte, fängt er unter Umständen auf einmal wieder an, während Ihrer Abwesenheit Heulorgien und innenarchitektonische Umbauarbeiten zu veranstalten. Oder er fängt an, ruppiger zu spielen; auch ist ihm nicht mehr jeder Spielpartner recht, sondern er wird wählerischer, wer sein Freund sein darf und wer nicht. Ressourcen gewinnen an Wichtigkeit, selbst eine alte Socke kann zum Zankapfel werden. Die jungen Wilden, die bisher keinerlei Interesse an frischen Fährten oder den dazugehörigen Hasen gezeigt haben, kommen auf den Geschmack und sind nicht mehr zu halten.

❯ Holz schreddern ist klasse. Aber Vorsicht, es kann zu Verletzungen führen.

Gegensteuern ist angesagt

Die Stressanfälligkeit steigt, und die Reaktionen auf Stressoren werden intensiver. Wie bereits erwähnt, können nun plötzlich Situationen oder Gegenstände Stress auslösen, die der Hund vorher nicht einmal registriert hat. Wenn er also nun plötzlich im Dunkeln fremde Menschen verbellt, wird auch Ihnen, wie gesagt, sicherlich gelegentlich ein »Das hat er ja noch nie gemacht!« rausrutschen. Aber auch wenn das stimmt und sogar erklärlich ist, darf man sich natürlich nicht auf diesem Satz ausruhen, sondern muss gegensteuern und dem Hund besonders viel Sicherheit, Führung und Konsequenz

> Für stabile A-Typen ist ein Wasserschlauch ein prima Spielzeug. Angst kennen sie nicht.

bieten. Denn der Hund wird nicht von selbst aus diesen Problemen »herauswachsen«, sondern sie werden sich, wenn man den Dingen ihren Lauf lässt, verfestigen und zu immer größeren Problemen heranwachsen. Je länger Sie warten, desto schwieriger wird es, diese auszumerzen.

DIE PERSÖNLICHKEITEN DES HUNDES

In der Verhaltensbiologie spricht man von zwei verschiedenen Persönlichkeiten, dem A- und dem B-Typ. Diese beiden Typen gibt es nicht nur beim Hund, sondern auch bei anderen Tierarten inklusive des Menschen. Beim Menschen sind übrigens die A-Typen die, die stark herzinfarktgefährdet sind, unter Umständen schnell cholerisch reagieren und oft unter Bluthochdruck leiden. Die B-Typen hingegen wären die eher depressiven, introvertierten Menschen, die vieles in sich hineinfressen und dadurch irgendwann für Magengeschwüre anfällig werden.

Der A-Typ

Als A-Typ-Hunde bezeichnet man forsche, extrovertierte und wagemutige Gesellen, die sich – auch in Stresssituationen – durch aktives Verhalten auszeichnen. Die Hormone, die den A-Typ in Stresssituationen steuern, stammen aus dem Nebennierenmark, nämlich das »Fluchthormon« Adrenalin, das »Kampfhormon« Noradrenalin und auch die »Selbstbelohnungsdroge« Dopamin. Die Stressreaktion der A-Typen bezeichnet man als »Fight or Flight«, also als Kampf-oder-Flucht-Reaktion.
Der A-Typ wird, wenn neben ihm die sprichwörtliche Bombe hochgeht, in irgendeiner

Form aktiv: Wenn es sich um einen stabilen, selbstsicheren A-Typ handelt, wird er den »Tatort« genau inspizieren und danach fragen »Und nun?«. Ist es ein eher instabiler A-Typ, so wird er auch reagieren, aber in diesem Fall mit Angriff (Noradrenalin) oder Flucht (Adrenalin). So ein A-Typ ist in der Regel ein recht offenes und lustiges Kerlchen, aber das kann ihn gleichwohl auch anstrengend machen. Und spätestens wenn es nicht nach seinem Kopf geht und er das Gefühl hat, die Situation nicht mehr im Griff zu haben, wird er schnell unleidlich. Typische Rassevertreter sind Terrier, Belgische Schäferhunde oder Pinscher. Allerdings bestätigen natürlich auch hier Ausnahmen die Regel.

Der B-Typ

B-Typen sind eher introvertierte, abwartende und beobachtende Hunde. Das stellt sich vor allem in ihnen unbekannten Situationen heraus. Das Haupt-Stresshormon der B-Typen ist das Kortisol aus der Nebennierenrinde. Wenn die Bombe neben einem B-Typ hochgeht, wird er erst einmal erstarren und gar nichts tun. Vornehme Zurückhaltung ist seine Ausdrucksform. Auch beim B-Typ spielt es natürlich eine Rolle, ob es sich um ein emotional stabiles oder instabiles Tier handelt – entsprechend wird der B-Typ nach einer Weile vorsichtig (!) das Objekt genauer in Augenschein nehmen oder aber sich zurückziehen. Typische B-Typ-Rassen wären die Herdenschutzhunde oder auch Neufundländer oder Bernhardiner und Ähnliche.

Diese Grundeigenschaften ändern sich ein Hundeleben lang nicht, es gibt auch keine Mischformen. Allerdings kann ein A-Typ durch eine schwere Traumatisierung im ersten Lebensjahr

> Je nach Hundetyp macht ein aufgespannter Regenschirm neugierig oder unsicher.

zum B-Typ werden – das bleibt er dann aber auch für den Rest seines Lebens. Andersrum ist eine Wandlung nicht möglich.

Was für einen Typ haben Sie an der Leine?

Um herauszufinden, welchem Hunde-Typ Ihr vierbeiniger Teenie angehört, können Sie die folgenden Fragen beantworten:

- Ist Ihr Hund besonders erkundungsfreudig und nimmt alles Neue genau unter die Lupe, ohne besondere Vorsicht walten zu lassen?
- Ist er sehr aktiv?
- Ist er sehr wagemutig, will immer mittendrin statt nur dabei sein, wenn irgendetwas Ungewohntes oder Aufregendes passiert?
- Ist Ihr Hund ein richtiggehender Zappelphilipp, der schnell hektisch wird und eher über- als untermotiviert ist?

- Dauert es eine ganze Weile, bis Sie ihn dann wieder »herunterfahren« können?
- Hält Ihr Hund es aus zu warten, wenn etwas nicht sofort nach seinem Kopf geht?
- Kann Ihr Hund mit Frust umgehen, oder wird er dann schnell unleidlich?

Wenn Sie fast immer mit Ja geantwortet haben, dann nennen Sie einen A-Typ Ihr Eigen.
Bei der Erziehung von A-Typen ist es ganz besonders wichtig, ihnen bewältigbare Frustrationserlebnisse und Stresserfahrungen zu vermitteln – die Betonung liegt dabei auf bewältigbar! Es ist für diesen Junghund also wichtig zu lernen, dass es nicht immer nur nach seinem Kopf geht. Es ist aber genauso wichtig für ihn zu erfahren, dass das Leben trotzdem schön und die Welt bunt und voller spannender Herausforderungen ist. Sie müssen also versuchen, diesen Welpen oder Junghund immer wieder mal in seinen Tätigkeiten auszubremsen und ihn auf Sie zu konzentrieren. Er soll lernen, dass Sie die Entscheidung über seine und Ihre gemeinsamen

Aktivitäten behalten wollen und werden. Wenn er das akzeptiert, loben und bestätigen Sie ihn. Denn diese Kombination aus für ihn erträglicher Frustration und der Einsicht, dass es trotzdem hinterher lustig weitergehen kann, ist für ihn eine entscheidende Lektion.

Ein kleines Beispiel:

Versuchen Sie, Ihren Jungspund nicht nur dann zu sich zu rufen, wenn Sie ihn anschließend anleinen und mit ihm die lustige Spielwiese und die Kumpels verlassen. Rufen Sie ihn immer wieder, leinen Sie ihn vielleicht auch einmal kurz an, wenn Sie ihn für das Herankommen loben, und lassen ihn dann wieder laufen.
So lernt er, dass das Abrufen keineswegs das Ende der schönen Aktivitäten sein muss. Die wenigen Male, in denen Sie ihn dann wirklich anleinen und den Spielplatz und die Spielkameraden verlassen, werden in seiner Erinnerung zurückfallen gegen die vielen Male, wo er nach dem Heranrufen nur ein paar positiv verstärkende Streicheleinheiten von Ihnen oder ein kleines Spiel mit Ihnen bekam und dann weiter mit seinen Kumpels toben durfte. Ist doch im Grunde ganz einfach, oder etwa nicht?

Wenn Sie die meisten der nun folgenden Fragen mit Ja beantworten, gehört Ihr Hund zu den eher introvertierten B-Typen:

- Ist Ihr Welpe zurückhaltend, betrachtet er neue Dinge, Artgenossen oder auch neue Menschen gerne aus der Distanz und mit Skepsis und überlegt erst genau, bevor er sich zu einer Aktion hinreißen lässt?
- Tut er sich mit Entscheidungen schwer und wartet die Dinge lieber erst mal ab?

❯ Geben Sie Ihrem Hund Halt, wenn er Unsicherheit gegenüber anderen Hunden zeigt.

Reagiert er im Kontakt mit fremden Menschen oder Hunden eher scheu?
- Dauert es eine ganze Weile, bis man sich sein Vertrauen verdient hat?
- Ist Ihr Hund für neue Aufgaben und Herausforderungen eher schwer zu motivieren?
- Geht er Streitereien aus dem Weg?

B-Typen müssen lernen, dass das Leben nicht gefährlich ist. Sie sollten ihnen zeigen, wie sie mit ihren eigenen Taktiken und Vorgehensweisen Probleme und Stress überstehen können, und sie müssen erfahren, dass sie sich durch eigenes Tun und aktives Untersuchen von Gegenständen oder neuen Situationen Lösungsstrategien und Erfolge verschaffen können.

Ein kleines Beispiel:
Demonstrieren Sie Ihrem B-Typ, dass die Welt gar nicht so böse ist: Gehen Sie, solange Sie selber gelassen sind, mit ihm gemeinsam zur furchteinflößenden Mülltonne, seien Sie für ihn da. Aber lassen Sie ihn die Tonne allein ganz genau untersuchen, und lassen Sie ihn dabei feststellen, dass davon keine Gefahr ausgeht. Das Tempo, in dem Sie sich dem furchteinflößenden Objekt nähern, sollte der Hund bestimmen dürfen. Wenn Sie ihn mit aller Gewalt dorthin ziehen, erreichen Sie nur das genaue Gegenteil: Ihr Hund wird sich in seiner Furcht mehr als bestätigt fühlen.

Kurzum, B-Typen benötigen mehr Erfolgserlebnisse, A-Typen mehr Frustrationserlebnisse. Jedoch natürlich in beiden Fällen wohldosiert! Auch B-Typen müssen lernen, gewisse Frustrationen zu ertragen, aber für sie sollte der

> Freundlichkeit erzeugt Vertrauen und hilft Ihrem Vierbeiner, selbstbewusster zu werden.

> Knautschen auf einem Kauseil wirkt auf die meisten Hunde beruhigend.

> Viele Hunde lieben das Streicheln. Es entspannt und fördert die Bindung.

> Ist der Mensch eine sichere Basis, dann wird aus ich und du ein starkes Team, das zusammenhält.

ligkeit tut, sondern weil er nicht anders kann. Dieser Anschluss im Gehirn ist vorübergehend nicht besetzt, das Nichtfolgen Ihres Pubertisten, der ja vorgestern noch eine Begleithundeprüfung mit Bravour bestanden hätte, ist kein Nichtwollen, sondern tatsächlich in den allermeisten Fällen ein Nichtkönnen!
Doch was bedeutet das für die Praxis? In erster Linie bedeutet es, dass Sie gute Nerven benötigen, um sich nicht aus der Ruhe bringen zu lassen und Ihrem Hund gegenüber nicht ungerecht zu werden, denn das wäre fatal für die weitere Entwicklung Ihrer Beziehung.

Mit Liebe

Denken Sie immer daran: Druck erzeugt Gegendruck. Vergessen Sie also vor lauter Konsequenz die Liebe und das Verständnis nicht, und werden Sie nicht ungeduldig, wenn's mal wieder länger dauert. Vielleicht hilft Ihnen ein Schokoriegel, oder denken Sie an Ihre eigene Pubertät und finden so zu Ihrem Humor zurück, sicher hilft es aber, erst ein paar Mal tief durchzuatmen. Denken Sie an die Stimmungsübertragung, für die unsere Vierbeiner ganz feine Antennen haben. Sie spiegeln unsere eigene Gestimmtheit und geben sie wieder. Wenn Sie auf hundertachtzig sind, wie soll Ihr Hund dann ruhig und besonnen agieren?

nachfolgende Erfolg ihres Tuns im Vordergrund stehen. Wichtig zu wissen ist auch noch, dass die Einteilung in A- oder B-Typ keinerlei Wertung bedeutet. Es gibt beide Typen, und beide können entweder emotional stabil und gelassen sein oder eben auch nicht: Die Förderung und das Erreichen der emotionalen Stabilität und Gelassenheit ist Ihre Aufgabe als Hundebesitzer beim durchaus noch »formbaren« Junghund.

WAS WAR »SITZ« NOCH …?
ICH ERKLÄR'S DIR NOCH MAL

Vielleicht sind Sie ja schon etwas beruhigt und verstehen Ihren Youngster ein bisschen besser, weil Sie jetzt das Warum zum Verhalten Ihres Hundes erklärt bekommen haben und wissen, dass er alles, was er »anstellt«, nicht aus Böswil-

Mit Konsequenz und Köpfchen

Die andere Seite ist genauso wichtig: Vergessen Sie vor lauter Liebe die Konsequenz nicht. Die Baustelle im Hundehirn ist zwar eine Erklärung, aber keine Entschuldigung für das Verhalten Ihres Vierbeiners! Das heißt aber nicht, dass Sie nicht auch mal alle fünfe gerade sein lassen dürfen. Gestatten Sie Ihrem Hund auch öfter mal, wo es möglich ist, einfach Hund zu sein. Verkneifen Sie sich ein Kommando, das momentan nicht unbedingt nötig ist, wenn die Ablenkung für den Youngster zu groß ist und Sie von vornherein wissen, dass die Durchsetzung schwierig wird. Üben Sie mit ihm in entspannter, weitgehend ablenkungsfreier Umgebung. Bringen Sie viel Spaß und Freude in die Übungssituationen, loben Sie ihn, wenn er etwas richtig macht. Versuchen Sie, die Kommandos, die Sie geben, auch durchzusetzen. Aber zeigen Sie ihm auch, dass sich das für ihn lohnt, weil am Ende einer Übung immer etwas Positives steht und das Mensch-Hund-Team dann entspannt aus der Sache herausgehen kann. Arbeiten Sie an der Basis, an der Alltagserziehung, am harmonischen Miteinander und vergessen Sie vorübergehend das perfekte Arbeiten Ihres Hundes. Legen Sie Ihr Hauptaugenmerk auf die Beziehung zu Ihrem Hund, und sorgen Sie dafür, dass er Ihnen vertraut und sich gerne an Ihnen orientiert. Damit schaffen Sie eine gute, stabile und belastbare Grundlage für alles andere.

Das ist leichter gesagt als getan: Das ist uns aus eigener Erfahrung klar und wurde uns von unseren Hunden nahegebracht – oder, Herr Meier? Aber gemeinsam haben wir es geschafft.

IHRE EINSTELLUNG ZÄHLT

Freuen Sie sich über das, was funktioniert, und ärgern Sie sich nicht nur über das, was gerade überhaupt nicht klappt. Sehen Sie das halb volle, nicht das halb leere Glas.

› Der Blickkontakt des Hundes sollte immer belohnt werden.

WIE TICKT EIN JUNGHUND?

Spiel, Angst, Bindung, Aggression und Dominanz – wie Sie mit diesen wichtigen Verhaltensaspekten Ihres Hunde-Teenies souverän umgehen.

WARUM SPIEL BINDET

Spiel ist weit mehr als ein spaßiger Zeitvertreib: Es hat eine herausragende Rolle bei der Entstehung von Bindung. Wie können Sie sich das zunutze machen?

SPIELEND EINFACH FÜR DAS LEBEN LERNEN!

Spielen gehört mit zu den wichtigsten Dingen, die Sie mit Ihrem Hund gemeinsam tun können! Das Spiel festigt die Mensch-Hund-Beziehung, wirkt stressmindernd, und Hunde lernen dabei vieles »im Vorbeigehen«, was sie im gesamten Hundeleben an Fähigkeiten benötigen.

Aber auch das Spiel unter Hunden ist sehr wichtig für die gesamte Entwicklung. Außerdem gibt es doch kaum etwas Schöneres, als Hunde beim Spiel zu beobachten. Wenn man ausgelassene Junghunde mit lachenden »Spielgesichtern« über die Wiesen flitzen und albern herumtoben sieht, ist es nicht nachvollziehbar, dass es immer noch Trainer und »Experten« gibt, die ernsthaft bezweifeln, dass Hunde spielen können.

Aber nicht alles, was nach Spiel aussieht oder so genannt wird, ist auch Spiel. Darum schauen wir uns in diesem Kapitel näher an, welche Kriterien erfüllt sein müssen, damit man von Spielen reden kann, welchen Zweck das Spiel hat, wie Sie es sich mit Ihrem Hund zunutze machen können und warum »Ball spielen« kein Spiel ist und viele Hunde damit »bespaßt« werden.

Wann entsteht ein Spiel?

Eine wichtige Voraussetzung für das Spielen ist das sogenannte entspannte Feld. Hunde spielen nicht, wenn in ihrem Umfeld ungünstige Bedingungen auftreten. Freilandstudien an verschiedenen Tierarten haben gezeigt, dass die Tiere bei Anwesenheit von Fressfeinden, bei unsicherer Nahrungsversorgung oder auch unter ungünstigen klimatischen Bedingungen deutlich weniger spielen. Auch soziale Spannungen hemmen das Spielverhalten, sogar bei Gruppenmitgliedern, die mit der Streitigkeit eigentlich nichts zu tun haben. Wenn bei Ihnen zu Hause also »dicke Luft« herrscht, wundern Sie sich nicht, wenn Ihr Vierbeiner Ihre Spielaufforderung ausschlägt. Hunde haben verschiedene Spielgesten in ihrem Repertoire, am bekanntesten ist die sogenannte Vorderkörpertiefstellung.

>> Wollen Sie »Hündisch« lernen? Dann schauen Sie jungen Hunden beim Spiel zu.

>> Spielen unter Hunden ist ein ständiger Austausch von körpersprachlichen Signalen.

Aber auch ein Pföteln, ein Anrempeln oder ein aufforderndes Bellen kann – entsprechend der jeweiligen Situation – eine Aufforderung zum Spiel sein. Auch überschießende und übertriebene Bewegungen sind ein weiteres Kriterium des Spielens – man sieht dem Tier geradezu an, dass es offensichtlich Energieüberschuss hat oder zumindest mit Energie nicht geizen muss.

Was ist Spiel?

Schauen wir uns nun die deutlich erkennbaren Merkmale des Spielverhaltens an, so werden beispielsweise die häufige Wiederholung des betreffenden Verhaltens, die freie Kombination von Elementen aus verschiedenen Verhaltenskreisen und auch das Fehlen der jeweiligen Endhandlung als Ziel des Verhaltens sichtbar. Es werden etwa Elemente des Beutefangverhaltens wild gemischt mit kämpferischen Elementen. Agonistische, also kämpferische Verhaltensweisen werden in nicht agonistischem, also friedlichem Kontext gezeigt – es fehlt der nötige Ernst. Auch die Endhandlung fehlt. Spielende Hunde kombinieren in ungeordneter Reihenfolge Elemente des Kampfverhaltens, wie etwa das Maulringen und Balgen, des Beutefangverhaltens, also Be-

schleichen, Anspringen und Schütteln, und des Sexualverhaltens und der sozialen Körperpflege, wie etwa Aufreiten, Knabbern und Belecken. Ein weiteres, ganz wichtiges Merkmal ist der Rollenwechsel: Der Jäger dreht sich um und wird zum Gejagten, der in der Balgerei oben Stehende lässt sich fallen und liegt plötzlich unten. Auch beim Beutefangspiel wird das Anschleichen und Anspringen wechselseitig gezeigt. Echtes Spiel ist also immer zwischen beiden Teilnehmern ausgewogen: Der Stärkere zeigt im Spiel immer auch sogenanntes Selbsthandicap, macht sich also kleiner und schwächer, als er eigentlich ist. **Fehlt dieses wichtige Kriterium, handelt es sich nicht um Spiel, sondern um Mobbing, das unterbunden werden muss.** Denn der Chihuahua, der von zwei munteren Bernhardinern gejagt oder als lebendiges Quietschie missbraucht wird, wird das kaum als lustiges Spiel empfinden. Schließlich werden im Spiel oft soziale Konventionen und Rollen aufgehoben. Auch der Ranghöhere liegt bei der Balgerei mal unten, und der Rangtiefere steht über ihm, oder man schließt sich im Spiel mit einem Hund zusammen, den man eigentlich gar nicht so gut kennt, um sich gegen seinen besten Kumpel zu verbünden. Im Ernstfall würde all dies nie passieren.

Ein sehr offensichtliches Zeichen für Spielverhalten ist das sogenannte Spielgesicht: Wer einen Hund beim Spiel schon mal über das ganze Gesicht lachen und das Weiße aus seinen Augen blitzen sah, weiß, wovon wir reden. Es gibt drei Arten von Spiel: das Sozialspiel, an dem immer mehrere beteiligt sind, das Solitärspiel, das allein, manchmal mit einem Objekt, gespielt wird, und das Beutefangspiel.

Wofür ist Spiel?

Was sind eigentlich die Vorteile eines solch kräftezehrenden Verhaltens, wie es Spielen unter Hunden ist? Spiel dient dem körperlichen Training und der Kondition. Muskeln, Nervensystem, Durchblutung und andere körperliche Merkmale werden durch wilde Spiele trainiert. Viele Bewegungen, sei es im Kampf oder im Beutefang, werden im Leben eines Hundes nur sehr selten benötigt, dann aber müssen sie unbedingt zielsicher und schnell sitzen. Im Spiel besteht die Möglichkeit, diese zu trainieren. Auch Situationen, in denen sich der Hund plötzlich in einer ganz anderen Position befindet, können im Spiel geübt werden. War man eben noch der Jäger, ist man nun der Gejagte, hatte man eben noch die Hosen an, befindet man sich nun plötzlich in einer rangtiefen Position. Ein ganz wichtiger Aspekt beim Spiel, gerade bei den Halbstarken, ist das Lernen von sozialen Regeln und Konventionen. Der Youngster kann testen, was passiert, wenn man selber oder ein Artgenosse dieses oder jenes Signal sendet, und wie man am besten darauf reagiert oder nicht reagiert, ohne dass das gleich zu massiven und

ernsthaften bis gefährlichen Konsequenzen führt. So kann der Junghund im Spiel ausprobieren, wie weit er gehen kann, und wird sehr schnell die eigenen Grenzen erfahren, ohne dabei ernsthaft in Gefahr zu geraten. Letztlich werden sogar Aspekte wie Fairness und korrektes Anwenden von Signalen und von Verhaltensmustern im Spiel trainiert. Hunde, die sich an die Regeln halten, zeigen beispielsweise ständig, selbst bei sehr hektischen und schnellen Sequenzen, noch Spielgesichter, lachen also während des Spiels über das ganze Gesicht. Außerdem wird, vor allem bei leicht missverständlichen Kampfspielen, fast

> Auch unterschiedlich große Hunde sollten miteinander spielen lernen.

> Körperbetontes Spielen zwischen Mensch und Hund fördert die Bindung und macht Spaß.

durchgehend der Blickkontakt gehalten, um zu signalisieren, dass es sich immer noch um Spiel handelt. Gerade bei solchen, zum Teil recht groben Kampfsequenzen kann man auch immer wieder eingebaute Vorderkörpertiefstellungen, quasi als vorausgeschickte Entschuldigungen, beobachten, die dem Gegenüber eindeutig zeigen, dass es sich nicht um einen ernsthaften Kampf handelt und keine echte Gefahr droht.

Gehirn und Spiel

Spielverhalten bei Welpen und heranwachsenden Junghunden hat eine Reihe von wichtigen Funktionen bei der Stabilisierung und Vorbereitung des Gehirns auf seine zukünftigen Aufgaben. Es werden durch Spielverhalten nachweislich mehrere Teile des Gehirns gestärkt, die mit räumlicher Orientierung, Bewegungskoordi-

nation und dem feinmotorischen Ablauf von Bewegungen zu tun haben. Beim Spiel werden Zellteilungen angeregt, die Hirnrinde wird dicker, und auch die Anzahl und die Verknüpfungsdichte der Nervenfasern steigen. Folglich ergeben sich Probleme, wenn Hunde in der Welpen- und frühen Junghundephase aufgrund von Erkrankungen, Verletzungen oder falsch angeleiteten Haltern nicht toben und sich nicht spielerisch bewegen dürfen. Diese Hunde weisen oft grobmotorische Beeinträchtigungen auf und haben manchmal später ernsthafte Probleme damit, die Balance zu halten. Außerdem wird im Spiel, bereits in ganz frühem Lebensalter, die Fähigkeit zur Frustrationstoleranz und damit auch zur Selbstkontrolle geübt. Denn Spiel fördert die Region im Gehirn, die für Impulskontrolle, Frustrationstoleranz und auch für Empathie wichtig ist.

Warum Spiel Spaß macht

Beim Spiel wird Dopamin ausgeschüttet und wirkt zweifach: Zum einen stabilisiert Dopamin die Entwicklung mehrerer Teile des Gehirns, auch der Hirnrinde, und bereitet den Hund damit auf eine bessere geistige und soziale Leistungsfähigkeit im späteren Leben vor. Zum anderen wirkt Dopamin nicht nur selbstbelohnend, sondern es erhöht genau dadurch auch die Vorfreude auf bestimmte Situationen. Wurde in einer Situation, etwa beim Spielverhalten, Dopamin produziert, erinnert sich das Tier bei der nächsten vergleichbaren auslösenden Situation wieder daran, dass Spielen das letzte Mal großen Spaß gemacht hat, und freut sich bereits darauf, die gleichen angenehmen Erlebnisse und Empfindungen wieder zu haben.

REGELN FÜR DAS SPIEL ZWISCHEN MENSCH UND HUND

Nicht nur das Spiel zwischen Hunden ist immens wichtig für den Youngster und seine Entwicklung, sondern auch das Spiel zwischen Mensch und Hund hat einen großen Stellenwert in der Mensch-Hund-Beziehung. Wenn Sie ein paar grundlegende Spielregeln beachten, profitieren beide Seiten vom Spiel.

Versuchen Sie einfach mal, den Ball oder ähnliche Hilfsmittel wegzulassen und einfach nur körperbetont mit Ihrem Hund zu balgen oder auch mal ein Rennspiel zu initiieren. Interessant ist, dass Männer das eher tun als Frauen. Gerade die Spielbalgereien sind es, die wiederum den »hormonellen Sozialkleber« Oxytocin sprudeln lassen. Der Kreativität sind im Spiel keine Grenzen gesetzt, probieren Sie einfach aus, worauf Ihr Jungspund gerade am meisten steht. Wie auf Seite 60 erläutert, können Sie natürlich auch mal Zerrspiele mit einem Kauseil oder Ähnlichem machen: Sie müssen das Spiel nicht beginnen und beenden und die Trophäe davontragen, denn auch unter Caniden ist die Rangordnung im Spiel vorübergehend aufgehoben. Besonders mit Welpen und Junghunden muss spielerisch vieles geübt, trainiert und durchgespielt werden. Dazu gehört auch die Impulskontrolle des Hundes. Wichtig dafür ist, dass der Mensch das Spiel immer wieder unterbricht, damit der Hund den Umgang mit der Frustration lernt, die er dadurch erfährt. Genauso wichtig ist aber auch, dass Sie ihm zeigen, dass dadurch die Welt nicht untergeht und der Spaß für alle Zeiten vorbei ist, sondern dass es danach munter und fröhlich weitergeht. Dadurch lernt der Hund, dass sich das Befolgen eines solchen Stoppkommandos lohnt, weil danach wieder spannende Dinge passieren. Nur wenn der Hund vermittelt bekommt, dass auch das Befolgen von Abbruchsignalen des Menschen danach mit Spaß und erfreulichen Aktivitäten verknüpft sein kann, wird er ohne Probleme auch später im Ernstfall solche Signale befolgen.

Noch ein Tipp: Spielen Sie nie mit Stöcken mit Ihrem Hund, denn das kann zu üblen Einspießverletzungen führen, von denen leider fast jeder Tierarzt ein Lied singen kann.

AB UND ZU RUNTERFAHREN

Spielerisches Toben kann bei manchen Hunden dazu führen, dass sie allzu sehr aufdrehen und auf Ihre Ansprache nicht reagieren. Dann können Sie Ihren Hund durch sanfte Massage wieder beruhigen.

SPIEL UND VORURTEIL – WIR KLÄREN AUF

Aus den genannten Erfahrungen und einer Reihe von eindeutigen Studien zum Spielverhalten bei Hunden oder auch zwischen Menschen und Hunden können wir eine Reihe von wichtigen Schlussfolgerungen ziehen.

Wenn Sie eine gute und stabile Beziehung zu Ihrem Hund haben, ist es entgegen dem, was man oft hört, völlig egal, wer mit dem Spiel beginnt und wer als »Sieger« herausgeht oder das Spiel beendet. Ganz im Gegenteil, wenn Sie die Spielaufforderung Ihres Teenies allzu oft ausschlagen, wird er sie irgendwann nicht mehr dazu auffordern und wird zum Spielmuffel. Spiele, bei denen der Hund mal gewinnt, oder Hunde, die eine Spielaufforderung an den Menschen richten, sind natürlich keineswegs mit Dominanzproblemen oder Aufsässigkeit gleichzusetzen. Selbst bei Zerrspielen kann man dem Hund durchaus auch gelegentlich den umstrittenen Gegenstand überlassen. Wichtig ist nur, dass beide die ganze Zeit deutlich signalisieren, dass dies noch Spiel ist und es keiner ernst meint. Hunde haben für diese Signale ein sehr feines Gespür und reagieren darauf.

Die Krux mit dem Ball

Ein ebenfalls weitverbreitetes Vorurteil ist, dass »Ball spielen« mit dem Hund Spiel sei. Wer einen dem Ball hinterherhetzenden Hütehund oder Terrier beobachtet, wird sehr schnell feststellen, dass außer der häufigen und formkonstanten Wiederholung kein einziges der oben genannten Spielkriterien zutrifft. Man findet keine Variation, keine überschießende Bewegung und auch keinerlei freie Kombinationen von Verhaltenselementen. Auch vom Spielgesicht ist meistens nichts zu sehen. Tatsächlich sind Ballspiele mit Hunden alles andere als spielerisch. Ein gut gemachtes, ruhiges Apportiertraining macht vielen Hunden zwar Spaß, ist aber für sie Arbeit und kein Spiel. Ein schlecht gemachtes Ballspiel, bei dem der Hund immer wieder dem Ball hinterherjagt, hat sogar ein ausgesprochenes Suchtpotenzial. Viel sinnvoller für die Entwicklung des Hundes sind Sozialspiele, körperliche Rangeleien und Balgereien oder gemeinsame Jagd- und Rennspiele.

Aus Spiel wird Ernst

Das Spiel der jungen Hunde verändert sich und wird rauer! Rüden beginnen während des Spiels ihre Kräfte zu messen – übrigens auch an Ihnen – und sich für Hündinnen zu interessieren! Wundern Sie sich also nicht, wenn Ihr »Süßer« von älteren Artgenossen eins auf die Mütze bekommt, weil er meint, sich dort ebenso verhalten zu können. Wer Individualdistanzen gegenüber erwachsenen Hunden nicht einhält oder Drohgesten einfach ignoriert, bekommt die

> Beim Spiel ist stets der Weg das Ziel, es ist frei von Status und Dominanz, es gibt nur Gewinner.

Konsequenzen zu spüren! Dieses ist, wohlgemerkt, normales Verhalten. Dabei handelt es sich nicht um eine Verhaltensauffälligkeit oder fehlinterpretiertes »hypersexuelles« Verhalten bei Rüden, sondern das sind schlicht die Wirkungen der Hormone im jungen Hund. Gerade in der Pubertät und in der darauf folgenden Adoleszenz verändert sich das Spielverhalten. Was beim Welpen harmlos begann, wird beim jungen Hund in der Pubertät zu immer gröberen und wilderen Tobereien. Was eben noch Spiel war, endet schlagartig in einer Prügelei unter Halbstarken. Denn auch im Spiel werden nun ständig Grenzen ausgetestet – der Hund schaut, wie weit er gehen kann. Irgendwann wird es dem anderen zu viel, er wehrt sich, und schon wird es laut und wild. Aber auch diese Erfahrung muss der junge Rowdy machen.

Verhindern Sie Mobbing

Auch Mobbing wird immer mehr zum Thema, denn von Ausgewogenheit, die ja ein Kriterium für Spiel ist, ist schnell nichts mehr zu sehen. Das kann zwischen zwei Hunden passieren, wenn die Größen- oder Kräfteverhältnisse nicht passen und einer immer den Kürzeren zieht, oder wenn sich mehrere Hunde zusammentun und einen einzelnen jagen. Diese aus einem gekippten Spiel entstandene Rudeljagd kann für das Opfer sehr schnell gefährlich werden! In diesem Fall ist es Ihr Job, Ihrem Kleinen zu helfen und Sicherheit zu bieten. Wenn Sie in einer solchen Situation dazwischengehen, sich vor Ihren Hund stellen, die anderen in die Flucht schlagen und er lernt, dass er sich auf Sie verlassen kann, haben Sie die Möglichkeit, kurzfristig zum Gott für ihn zu werden. Nutzen

Sie solche Möglichkeiten, denn das fördert das Vertrauen Ihres Hundes in Ihre Person und damit die Bindung zu Ihnen dauerhaft.
Um selbst zu wissen, wann ein Eingreifen richtig und wichtig ist, empfiehlt sich eine Junghundespielstunde unter der Leitung von kompetenten Trainern, denn wie immer ist die goldene Mitte gefragt. Weder die häufig vertretene Einstellung, »Das machen die unter sich aus«, noch eine Spielstunde, in der die Hunde überhaupt keine Konflikte austragen dürfen, ist der richtige Weg. Denn der Chihuahua wird mit zwei Bernhardinern nichts »unter sich ausmachen«. Hier sind Sie als Hundehalter gefordert und müssen eingreifen.

SPIELT IHR NOCH, ODER MOBBT IHR SCHON? KENNZEICHEN VON SPIEL

Achten Sie auf die folgenden Aspekte, und erkennen Sie, ob Ihr Hund wirklich noch spielt oder das Spiel kippt:
- häufiger Rollenwechsel
- Freiwilligkeit
- Selbsthandicap
- lockere, entspannte und oftmals übertriebene Bewegungen
- »lachendes« Spielgesicht
- stressfreies, entspanntes Umfeld als grundlegende Voraussetzung
- fehlende Endhandlung – der Weg ist das Spiel

Wenn Sie merken, dass mehrere Punkte nicht mehr zutreffen, rufen Sie Ihren Hund zu sich oder beschützen Sie ihn.

SPIELGRUPPE FÜR JUNGHUNDE

Spielgruppen für Junghunde finden immer mehr Verbreitung. Hier ein paar Tipps, damit Ihr gemeinsamer Besuch lohnenswert ist: Spielgruppen sollten immer **Chefsache** sein. Ein erfahrener Trainer kann am professionellsten das Hundeverhalten einschätzen und notfalls eingreifen, wenn das Spiel einzelner Hunde untereinander zu kippen droht. Leider wird in manchen Hundeschulen die so überaus wichtige Tätigkeit Praktikanten oder wenig erfahrenen Neu-Hundetrainern überlassen.

Es sollten immer mindestens **zwei Trainer** anwesend sein. Einer beobachtet genau das Geschehen und das Verhalten der jungen Schnösel untereinander, der andere steht auch zur Beantwortung von Fragen zur Verfügung. Die **Gruppengröße** sollte bei Anwesenheit eines Trainers sechs Hunde und bei Anwesenheit von zwei Trainern zwölf Hunde nicht überschreiten.

> Ein erfahrener Hundetrainer sieht genau, wann aus einem Spiel Mobbing werden kann.

Die Hunde sollten zueinanderpassen. Das gilt besonders für Größe und Körpergewicht. Ein rund 30 Kilo schwerer und 50 Zentimeter großer sechs Monate alter Doggenrüde, der seinen Spaß daran hat, den deutlich leichteren und kleineren Cockerspaniel beim wilden »Spiel« zu jagen, mag bei manchen Zuschauern für Erheiterung sorgen, dem Cockerrüden – als »Quietschie« missbraucht – aber womöglich ein Trauma gegenüber großen Hunden bescheren. Aber auch die Persönlichkeiten der heranwachsenden Hunde sollten zueinanderpassen. Ein erfahrener Trainer wird immer darauf achten, dass nur diejenigen miteinander spielen, die einen »Draht« zueinander haben.

Ein guter Hundetrainer wird Sie vor Beginn der Spielstunde auch immer wieder darauf hinweisen, dass Sie die **Verantwortung** für Ihren jungen Hund behalten und für ihn einstehen, wenn es zu brenzligen Situationen kommt. Er wird Ihnen natürlich erklären, woran Sie erkennen können, wann ein Spiel zu kippen droht. Hüten Sie sich vor Hundetrainern, die Ihnen weismachen wollen, dass junge Hunde »alles allein unter sich ausmachen«. Das zeugt von wenig Kompetenz und Erfahrung.

Spielstunden sind **keine Quasselstunden**. Leider sieht man auf deutschen Hundeplätzen immer wieder mal, dass Hundehalter sich gegenseitig erzählen, was für einen tollen Hund sie haben, anstatt auf ihre Youngster zu achten.

❯ Unsicherheit beim Hund kann auch im Spiel beobachtet werden.

SCHRECK LASS NACH! UNSICHERHEIT, ANGST UND FURCHT

Mit einem hormondurchtränkten Canis pubertus ist Ihnen bestimmt folgende Situation bekannt: Sie gehen mit Ihrem Jungspund die letzte Abendrunde, alles ist eigentlich wie immer. Nur Ihr Hund nicht, denn dieser zeigt sich urplötzlich extrem unsicher und ängstlich, hat auf einmal Probleme mit der Dunkelheit und vermutet hinter jedem Gebüsch hundefressende Monster. Oder ist es die Mülltonne, die ihn nun auf einmal völlig aus der Fassung bringt, genauso wie der Buchsbaum, der bisher wild wuchern durfte und nun zu einer hübschen Kugel zurechtgeschnitten wurde?

Machen Sie sich keine Sorgen, das ist in diesem Alter normal. Die gute Nachricht: Auch diese Phase geht vorbei, wenn Sie wissen, wie Sie Ihrem Jungspund zeigen können, dass die Welt doch gar nicht so böse ist, und ihm zur Seite stehen. Wie Sie das am besten tun, erfahren Sie in diesem Kapitel. Doch zunächst müssen wir ein paar Begriffe definieren, die oft fälschlicherweise in den »Angst-Topf« geworfen werden.

Unsicherheit – kein Grund zur Panik

Unsicherheit ist, vor allem in diesem Alter, ein normales Verhalten, solange der Hund trotzdem gewillt ist, sich mit dem auslösenden Reiz auseinanderzusetzen, und sich wieder beruhigt oder zumindest von Ihnen beruhigen lässt. Stellen Sie sich einen pubertierenden jungen Wolf vor, der in diesem Alter unter Umständen abwandert und sich ein neues Territorium oder eine neue Familie sucht. Er wird auf seiner Wanderung vielen Gefahren begegnen, und wenn er jeden freundlich und offen begrüßt und keine Angst kennt, nicht alt werden, falls er Menschen oder einem Bären in die Arme läuft. Also ist Unsicherheit, oder sagen wir besser Vorsicht, biologisch gesehen sinnvoll.

Es ist sogar wissenschaftlich nachgewiesen, dass vor allem in Jahren mit großer Nahrungsknappheit und vielen Fressfeinden besonders viele beobachtende und vorsichtige B-Typen (siehe Seite 47) geboren werden.

Unsicherheit, sprich, die mögliche Einstellung auf vielleicht gefährliche Situationen durch große Zurückhaltung, hat noch nichts mit Angst zu tun. **Ein unsicherer Hund ist immer noch uneingeschränkt handlungsfähig.**

Sein Verhalten und seine Körpersprache zeigen zwar, dass er sich nicht ganz wohlfühlt, er ist aber in jeder Situation noch in der Lage, kompetent zu handeln und das seiner Meinung und Erfahrung nach Richtige zu tun.

Kommt es in einer Situation, die sich wiederholt, jedoch mehrfach zu unangenehmen Erlebnissen, kann daraus tatsächlich entweder Angst oder Furcht entstehen. Dem müssen Sie also unbedingt entgegenwirken!

› Im Spiel wird schnelles Ausweichen geübt. Das schult die Bewegungskoordination.

Angst – ein diffuses Gefühl

Angst ist nie auf ein Objekt bezogen. Man hat die Erwartung, dass etwas Schlimmes passieren könnte, weiß aber nicht, wo, wie und wann. Angst wird daher zu einer Lähmung des gesamten Verhaltens führen und das Tier weitgehend handlungsunfähig machen. **Ein Hund in akuter Angst kann nicht mehr reagieren und auch nur sehr eingeschränkt auf die Kommunikation seines Menschen ansprechen.**

Nichtsdestotrotz hat Angst evolutionsgeschichtlich eine wichtige Funktion, weil sie die Sinne schärft und in einer vermeintlichen oder tatsächlichen Gefahrensituation einen Schutzmechanismus darstellt. Darum ist die »Alarmanlage« Angst sehr empfindlich eingestellt. Das kann vor allem in der sensiblen Phase der Pubertät zu vielen »Fehlalarmen« führen. Das an der Angst beteiligte Hormon ist das Stresshormon Kortisol. Panik ist eine übersteigerte, krankhafte Angst, ohne konkrete Bedrohung.

Furcht – bei konkreter Bedrohung

Furcht ist im Gegensatz zur Angst das Gefühl einer konkreten Bedrohung. Sie bezeichnet die Reaktion des Bewusstseins auf eine tatsächliche gegenwärtige Gefahr. Im Gegensatz zur diffusen und eher abstrakten Angst ist die Furcht meist rational begründbar und angebracht, denn sie richtet sich auf ein konkretes Objekt, das als Bedrohung wahrgenommen wird. Dieses Objekt kann ein Gegenstand, ein Mensch, ein anderes Tier oder auch eine bestimmte Situation sein. Furcht ist lebensnotwendig, weil sie dazu motiviert, Maßnahmen zu ergreifen, um die Gefahr abzuwenden (etwa erhöhte Wachsamkeit), ihr zu entgehen (Flucht) oder ihr entgegenzutreten (Kampf). Die an der Furcht beteiligten Hormone sind die Stresshormone aus dem Nebennierenmark, also das Fluchthormon Adrenalin oder das Kampfhormon Noradrenalin. Die Phobie ist eine übersteigerte, krankhafte Furcht, also auch auf ein Objekt bezogen.

Fließende Übergänge

Praktisch sind jedoch je nach Grad der Konkretheit oder Abstraktheit des zugrunde liegenden Auslösers Übergänge zwischen Angst und Furcht oder bestimmte Gefühlszustände möglich, in denen sich nicht eindeutig zwischen Furcht und Angst differenzieren lässt.

Dies lässt sich am Beispiel der weitverbreiteten Spinnenangst verdeutlichen, die eigentlich als Spinnenfurcht bezeichnet werden müsste, weil es sich bei einer Spinne um ein ganz konkretes Objekt handelt und man mehrere konkrete Möglichkeiten hat, dem Reiz, also der Spinne, zu begegnen: Man kann »kämpfen« oder aber

> Geduckte Körperhaltung, die Rute gesenkt. Unsicherheit macht klein.

❯ Unbekannte Objekte lösen bei manchen jungen Hunden zu Beginn oft Unsicherheit aus.

Stresserscheinungen oder gar Angstanfälle zu bewältigen. Gegenstände, Lebewesen und allgemeine Umweltsituationen, die der Hund in den ersten drei Lebensmonaten nicht als bedeutungslos oder gar positiv kennengelernt hat, können dagegen bei Konfrontation im späteren Leben erheblichen Stress auslösen. Die zweite sensible Phase liegt in der Pubertät zwischen dem sechsten und neunten Monat. In dieser Zeit müssen alle prägenden und sozialisierenden Einflüsse nochmals wiederholt werden. Was dann immer noch nicht als harmlos, unbedeutend oder am besten positiv abgespeichert wurde, wird mit hoher Wahrscheinlichkeit im späteren Leben zunächst als Stressor wirken und, wenn es dann in der ersten Konfrontation für den Hund nicht erfreulich und positiv ausgeht, schnell in Furcht oder Angst münden.

schreiend die Flucht ergreifen. Wenn die Furcht allerdings so weit fortgeschritten ist, dass man im Herbst bereits ohne eine konkrete Bedrohung die Wände immer im Auge behält, um sie nach einem huschenden schwarzen Schatten abzuscannen, ist aus der Furcht eine Angst geworden, weil das Objekt fehlt.

Früh gelernt, lang behalten

Studien an Hunden und Wölfen haben gezeigt, dass es für die Angstbewältigung und Angstvermeidung mehrere wichtige Lebensabschnitte gibt. So sind nahezu jeder Gegenstand und jede Situation, die einem Welpen bis zum Ende der zwölften Lebenswoche als harmlos, unbedeutsam oder optimalerweise sogar als positiv »verkauft« wurden, auch später im Leben ohne

DER UMGANG MIT FURCHT, ANGST UND HUND

Bei der Unterscheidung von Angst und Furcht geht es nicht um Wortklauberei, sondern sie ist für den Umgang oder die Therapie entscheidend. Bei einer konkreten Furcht hat man nämlich auch konkrete Handlungsansätze. So kann man den Hund in diesem Fall nach und nach immer mehr desensibilisieren.
Das macht man, indem man ihm zunächst kleine Reize präsentiert, also beim Hund, der Furcht oder eine Phobie vor Mülltonnen hat, am besten mit kleinen Spielzeugmülltonnen oder mit Mülltonnen in großer Entfernung beginnt. Der Stress muss dabei stets für den Hund bewältigbar bleiben, der Hund stets mit einem guten Gefühl aus der Situation gehen.

Voraussetzung dafür ist, dass man seinen Hund, dessen Ausdrucksverhalten und Gesamtbild einschätzen und »lesen« kann. Um das wirklich zu gewährleisten, ziehen Sie am besten einen kompetenten Trainer zurate!

Machen Sie auf keinen Fall den Fehler, alles zu meiden, was den Hund verunsichert! Denn dann hat er keine Chance, sich damit auseinanderzusetzen und eine für ihn passende Strategie zur Bewältigung zu entwickeln. Im Gegenteil, suchen Sie diese Situationen gezielt auf, konfrontieren Sie Ihren Jungspund immer wieder damit, aber achten Sie unbedingt darauf, dass er nicht überfordert wird und mit einem negativen Gefühl herausgeht. Der Abschluss sollte immer

für den Hund positiv sein, der auslösende Reiz immer so weit entfernt sein, dass er sich zwar damit auseinandersetzen muss, dass er aber nicht in einen Stress gerät, mit dem er nicht umgehen kann – denn ein gestresster Hund lernt nicht. Außerdem wird er in seiner Einschätzung der Situation bestätigt und in Zukunft noch mehr Probleme damit haben.

Gemeinsam sind wir stark!

Viel zu oft hört man immer noch von Hundehaltern und sogar Trainern die Behauptung, Angst (oder auch Furcht) sei ein unerwünschtes Fehlverhalten. Der gut gemeinte, aber völlig falsche Tipp, man müsse den Hund und seine

> Der Mensch ist sicherer Hafen und Basis für pubertierende Hunde.

Angst ignorieren, um sie keinesfalls zu be- und verstärken, hat fatale Auswirkungen. Sie schadet der Mensch-Hund-Beziehung und beeinträchtigt den weiteren Umgang des Hundes mit für ihn bedrohlich wirkenden Situationen.

Zum einen ist ein Hund – wie Sie bereits auf Seite 64 erfahren haben – im akuten Angstanfall ohnehin nur sehr schwer ansprechbar. Ein Lernen wird in dieser Situation nur noch sehr eingeschränkt möglich sein. Zum anderen braucht gerade das für die Entstehung von Angst und Angstanfällen verantwortliche Kortisol sehr lange, um seinen Höchststand zu erreichen: Erst etwa 5 Minuten nach dem entsprechenden Ereignis wird es überhaupt messbar erhöht, nach etwa 20 Minuten hat es sein Maximum erreicht. Das ist eine verhältnismäßig lange Zeitspanne: In dieser Zeit gäbe es viel zu viele weitere dazwischenliegende Reize, als dass der Hund die Hormonausschüttung mit dem freundlichen und bestätigenden Verhalten seines Menschen verknüpfen könnte.

> Ich bin für dich da: So wirkt dann auch ein Traktor nicht mehr furchteinflößend.

Unterstützen Sie Ihren Hund

Vielmehr ist es wichtig, in dieser Situation durch soziale Unterstützung für den Hund da zu sein, ihm zu zeigen, dass man die Situation im Griff hat und gemeinsam bewältigt, und dadurch einen wichtigen Gegenspieler des Kortisols, nämlich das Bindungshormon Oxytocin, den »hormonellen Sozialkleber«, zu stärken. Oxytocin wird bei Berührungen gebildet, vor allem an den Stellen der gegenseitigen Sozialpflege. Beim Hund ist das am Hals und hinter den Ohren – dort wo Ihr Hund den bewussten »Schlafzimmerblick« auflegt, sind Sie genau richtig. Oxytocin ist wesentlich schneller als das Kortisol. Sie haben also die Möglichkeit, das Kortisol durch Massagen auch noch nach dem angstauslösenden Ereignis abzufangen.

Dazu gibt es auch eine sehr beeindruckende Studie an Tierheimhunden, bei denen man vor einer Blutentnahme auf dem Tierarzttisch (= Stress) den Basiskortisolspiegel gemessen hat. Nach 20 Minuten wurde erneut das Kortisol bestimmt, und wie erwartet hatten alle Probanden nun deutlich höhere Kortisolspiegel als bei der ersten Messung. Der Versuch wurde dann genauso wiederholt, nur dass die Hunde diesmal direkt nach der Blutentnahme massiert wurden. Das überraschende und positive Ergebnis war, dass bei den Hunden danach das Kortisol nicht oder nur gering anstieg. Also wurde durch die soziale Unterstützung des Menschen die Angst nicht verstärkt, sondern gemildert.

Vielen Hunden reicht sogar der Blickkontakt zum Menschen, an den eine Bindung besteht, eine leichte Berührung oder auch nur ein beruhigendes Wort, um runterzufahren. Hunde, die gelernt haben, dass ihnen diese Unterstützung guttut, fordern sie sogar ein und orientieren sich in Stresssituationen noch stärker als sonst am Halter. In der Anfangsphase eines beginnenden Angstanfalls kann es sogar sinnvoll sein, durch gezielte positive Reize wie etwa Füttern oder Spielen dem Hund die Situation fühlbar zu erleichtern. Denn dass etwas Negatives nicht mehr ganz so negativ ist, wenn man etwas Positives zufügt, ist ja logisch. Kauen oder auch lecken wirken beruhigend, auch spielen baut Stress ab – an beiden Enden der Leine!

Bleiben Sie cool

Ganz wichtig in diesem Zusammenhang ist auch das Phänomen der Stimmungsübertragung vom Hund auf den Menschen – und vor allem andersherum. Oft wird diese auch noch durch eine unbewusst angespannte Leine verstärkt, die dem Hund sofort signalisiert, dass hier tatsächlich etwas nicht in Ordnung ist. Hunde haben in dieser Beziehung ausgesprochen feine Antennen – das gilt sogar für unsere Pubertisten. Wenn Ihr Jungspund nun also beginnt, vermeintlich aus heiterem Himmel Angst oder auch Furcht zu zeigen, atmen Sie selbst erst mal tief durch und entspannen Sie sich – Sie wissen ja schließlich, dass von Dunkelheit, lärmenden Treckern, kugeligen Buchsbäumen und Mülltonnen in der Regel keine Gefahr ausgeht.

Sanfte Konfrontation statt Vermeidung

Um dem Jungspund gar nicht erst die Chance zu geben, Situationen als bedrohlich abspeichern zu können, müssen wir ihn an viele Reize und an viele Situationen gewöhnen und eine Konfrontation mit diesen zulassen.

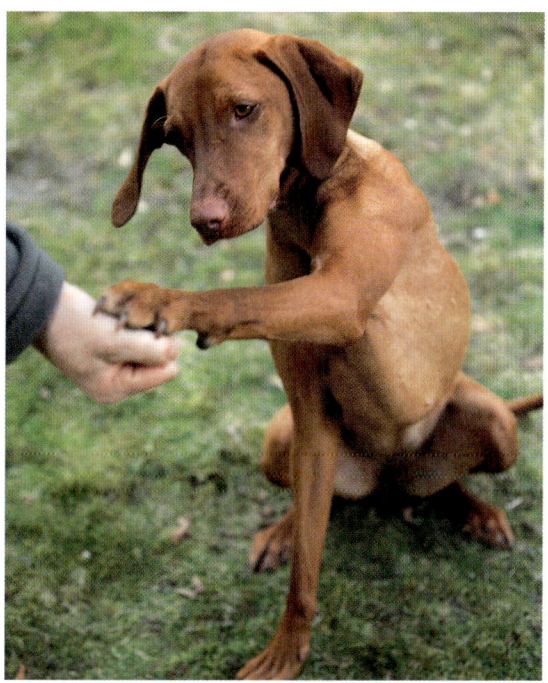

❯ Nähe und Vertrauen geben Sicherheit. Mit sozialer Unterstützung helfen Sie Ihrem Hund, für sein weiteres Leben gut gerüstet zu sein.

Eine Vermeidung solcher Situationen, wie sie noch allzu oft empfohlen wird, führt nicht zum gewünschten Erfolg, ganz im Gegenteil: Der Hund wird sich künftig noch stärker ängstigen. Eine Bewertung der Situation fällt ihm leichter, wenn er sich an frühere Erfolgserlebnisse erinnert und dadurch merkt, dass er »es« kann und dass »es« gar nicht so schlimm ist. Um ihm eine konkrete Beantwortung von angstauslösenden Reizen zu erleichtern, müssen wir ihm Handlungsspielräume einräumen und ihm die Chance geben, Punkte auf seinem Erfolgskonto zu verbuchen. Es ist immens wichtig, ihm zu zeigen, dass er selbst mit der Situation fertig werden kann und dass wir ihm bei der Bewältigung und der erfolgreichen Lösung des Problems unterstützend und gegebenenfalls auch

> Gemeinsame Pause: Unsere Hunde sind wahre Seelenstreichler.

belohnend zur Seite stehen. Wenn Ihr Hund beispielsweise Angst vor Spielplätzen und den lautstark spielenden Kindern hat, muntern Sie ihn auf, sich das »Getöse« näher anzuschauen, und belohnen Sie ihn jedes Mal, wenn er einen Schritt darauf zumacht oder anfangs auch nur in Richtung des Krachs schaut – selbst wenn er noch angespannt ist. Konfrontieren Sie ihn mit diesem Stressor, aber zerren Sie ihn nicht hinter sich her – das würde ihn in seinem Misstrauen bestärken. Geben Sie ihm die Chance, selber aktiv zu werden und zu erfahren, dass ihm auch in solchen Situationen keine Gefahr droht.

Es geht also darum, nicht die Angst, sondern die Bewältigungsreaktion zu bestätigen und dem Hund damit einen doppelten Kick zu verschaffen, nämlich einerseits das Problem an sich gelöst und andererseits auch noch einen zufriedenen Menschen neben sich zu haben. Wenn Sie selbst die nötige Gelassenheit haben, dann ist es Ihre Aufgabe, in eventuell gefährlichen Begegnungen für den Hund da zu sein und sie gemeinsam mit ihm zu meistern. Zusammenhalt in schlechten Zeiten ist Pflicht, und Gefahrenabwehr ist Sache des Leittiers – und das wollen doch eigentlich Sie sein, oder?

STIMMUNGSÜBERTRAGUNG

Ruhe erzeugt Ruhe. Dieser Grundsatz gilt auch für das Miteinander von Ihnen und Ihrem Hund. Ihr kleiner Vierbeiner hat ein ganz sensibles Gespür dafür, in welcher Stimmung Sie sich gerade befinden. Beobachtet Ihr Canis minimus Sie doch den ganzen Tag. Egal ob Sie fröhlich, traurig, entspannt oder gestresst sind, Ihr vierbeiniger Begleiter nimmt blitzschnell Ihre Gestimmtheit auf und reagiert darauf. Dies können Sie sich nun zunutze machen. Wenn Sie sich entspannen, ruhig und gleichmäßig ein- und ausatmen, runde, weiche Bewegungen vollführen, mit sanfter, ruhiger, auch etwas tieferer Stimmlage sprechen, werden Sie mit einiger Übung diese entspannte Atmosphäre auf Ihren Liebling übertragen können. Seien Sie aber nicht enttäuscht, wenn es Ihnen nicht gleich gelingt, Ihren Hund auf diese Art und Weise zu erreichen. Bleiben Sie dran! Mit viel Geduld klappt es.

Die Ruhe bewahren

Geben Sie Ihrem Hund Sicherheit, unterstützen Sie ihn in für ihn stressenden oder Angst und Furcht einflößenden Situationen! Das bedeutet nicht, dass Sie – womöglich selbst verunsichert – auf ihn einquasseln und ihm damit einreden, dass es wirklich Grund zur Sorge gibt, sondern dass Sie Ruhe bewahren, für ihn da sind und ihm mit ruhiger Bestimmtheit klarmachen, dass Sie alles im Griff haben, er sich an Ihnen orientieren und an Sie anlehnen kann. Durch Berührungen und Massagen – wenn sie Ihr Youngster in dieser Situation genießt – können Sie einen wichtigen Gegenspieler der Stresshormone, das Bindungshormon Oxytocin, fördern und Ihrem Youngster dadurch den Stress nehmen. Hunde, die die Erfahrung gemacht haben, dass Ihnen die Nähe zu ihrem Halter in stressenden Situationen guttut, suchen diese aktiv auf.

Hunde, die sich nicht so gern berühren lassen und Massagen nicht genießen, können Sie erreichen, indem Sie mit ruhiger, leiser Stimme sanft ihre Ohren »streicheln«.

> Ein junger Hund, der seine Umgebung fixiert, ist nicht entspannt und findet kaum Ruhe.

DRUM PRÜFE, WER SICH EWIG BINDET ...

Das Schlagwort Bindung ist in aller Munde, wird aber oft sehr unreflektiert verwendet. Es ist also Zeit, sich sachlich mit Begriffen wie Bindung und Beziehung sowie den damit oft verknüpften Vorurteilen auseinanderzusetzen. Eine Bindung kann man als die Qualität einer Beziehung zwischen mindestens zwei Individuen beschreiben. Sie muss nicht beidseitig sein. Sie ist gekennzeichnet durch Exklusivität und bindungstypisches Verhalten mindestens eines der beiden Beteiligten. Dazu gehört die Suche nach Nähe zum Bindungspartner und eine Stressreaktion bei der Trennung vom diesem.

❯ Ich bleibe bei dir, weil du mir guttust. Die Führung des Menschen wird angenommen.

Um eine belastbare Bindung des Hundes an einen Menschen zu erreichen, ist das Vertrauen des Hundes in seinen Bindungspartner Mensch unabdingbare Voraussetzung. Damit kommt der Bindung des Hundes an den Menschen eine soziale Dimension zu, die nichts mit dem üblichen Grundgehorsam wie Sitz, Platz, Fuß zu tun hat. Bildlich gesprochen ist Bindung ein unsichtbares Band zwischen Mensch und Hund.

Wie erreicht man Bindung?

Als Mensch sollte ich in der Lage sein, Präsenz zu zeigen und meinem Junghund die Sicherheit zu geben, sich im Alltag auch eigenständig angemessen zu verhalten. Dazu ist es notwendig, dem Hund Grenzen und Regeln zu vermitteln, also das Wissen, was – in unseren Augen – richtig und was falsch ist. Der Bindungspartner ist also die Basis für sicheres Verhalten des Hundes. Vertrauen und Sicherheit bedeuten für den Hund, dass er erfährt, dass der Mensch weiß, was er tut, einen Plan hat, ihn beschützt und für ihn all das regelt, wozu er selber nicht in der Lage ist – vor allem als derzeit hormongetränkter Jungspund. Denn ich kann meinem Youngster beispielsweise die Gefahrenabwehr nur dann untersagen, wenn ich mich selber darum kümmere und wenn er das auch weiß und es mir zutraut. Das tut er aber nur, wenn er es tatsächlich demonstriert bekommt.
Ist der Pilot unfähig oder gerade mit anderem beschäftigt, weil das Handy am Ohr wichtiger ist als der Hund, so ist es völlig selbstverständlich, dass der Copilot übernehmen muss. Mit dem Haken, dass unser Copilot noch mitten in der Ausbildung steckt und meist völlig überfordert ist mit den ihm dann überlassenen Aufgaben.

BINDUNG ZUM HUND HÄLT GESUND

Eine Studie ergab, dass bereits wenige Minuten Spiel mit dem Hund, an den eine Bindung besteht, oder sogar nur ein Blickkontakt zu diesem, unseren Oxytocinspiegel und auch den des Hundes ansteigen lässt. Das Bindungshormon Oxytocin wirkt stressdämpfend und damit gesundheitsfördernd. Der Vergleich mit einer Gruppe notorischer Spaziergänger ohne Hund, die ja genauso viel Bewegung und frische Luft hat, oder gar mit einer Gruppe von Katzenhaltern, die nicht bei Wind und Wetter draußen unterwegs ist, brachte eindeutig hervor, dass die Gruppen mit Haustieren – also auch mit Katzen – weniger oft krank sind, weniger Arztbesuche benötigen und damit den Krankenkassen insgesamt deutlich weniger Kosten verursachen als die Vergleichsgruppe ohne Haustier. Vielleicht sollten die Kassen ja mal über spezielle Hundehaltertarife nachdenken?

Bindung hält Stress in Schach

Ein schönes, auf Hunde übertragbares Beispiel gibt es aus einem Labortiermodell. Man brachte junge Meerschweinchen in Anwesenheit der Mutter oder männliche Tiere in Anwesenheit der persönlich gebundenen Partnerin in einen unbekannten Raum, also eine stressende Situation, und trotzdem waren keine ansteigenden Werte der Stresshormone Kortisol, Adrenalin und Noradrenalin nachweisbar. Brachte man die Tiere nun in Anwesenheit eines zwar persönlich bekannten, aber nicht persönlich gebundenen Tieres in diesen Raum, fiel die Antwort der Stresshormone genauso heftig aus, wie wenn man sie völlig allein in diesem Raum ließ. Gerade in der stürmischen Zeit der Pubertät braucht also Ihr Youngster Sie und die durch Sie vermittelte Sicherheit ganz besonders.

Beziehung ist austauschbar

Etwas ganz anderes ist eine Beziehung, die mit Bindung nichts zu tun hat. Wenn ich einen wildfremden Menschen nach der Uhrzeit frage, ist dies zunächst eine Interaktion. Frage ich ihn aber mehrmals, weil ich ihn immer treffe, wenn ich die Zeit wissen will, ist das bereits eine Beziehung. Auch der Hund, der beim Spaziergang regelmäßig denselben Menschen nach Leckerchen anbettelt, hat eine Beziehung zu diesem, aber dadurch noch lange keine Bindung, sprich sichere Basis. Er wird sich also in Gefahrensituationen kaum an diesem Futterspender orientieren, auch wenn er sich noch so sehr freut, diesen Menschen zu treffen.

Eine Beziehung hat also nichts Exklusives, die Beteiligten einer Beziehung sind austauschbar. Eine Beziehung vermittelt nicht unbedingt Sicherheit und lässt auch den Oxytocinspiegel nicht messbar in die Höhe steigen.

Ob Sie von einer Bindung oder Beziehung sprechen, ist im Grunde gar nicht so wichtig. Entscheidend ist vielmehr, dass Sie das Vertrauen Ihres Hundes niemals missbrauchen. Denken Sie daran: Es braucht eine lange Zeit, ein wirklich vertrauensvolles Verhältnis aufzubauen, aber nur wenig Zeit, es wieder zu zerstören.

>> Hunde sind hochsoziale Lebewesen. Sie schenken uns Nähe und Vertrauen.

>> Geben wir unseren Hunden Geborgenheit, knüpfen wir ein festes Band.

>> Kontaktliegen steigert die Bindung zwischen Mensch und Hund und tut beiden gut.

WIDER DIE BINDUNGSMYTHEN

Es gibt zahlreiche Irrtümer, Vorurteile und Mythen rund um das Thema Bindung zwischen Mensch und Hund, die in die völlige Irre führen und dadurch sowohl den Hunden als auch ihren Menschen das Leben schwer machen.

Bindung und Jagen

»Wenn Ihr Hund jagen geht, dann hat er aber eine schlechte Bindung!« Diesen Satz haben Sie, falls Sie einen jagdlich passionierten Hund Ihr Eigen nennen, sicherlich auch schon gehört. Gerade bei Junghunden, in denen der große Freiheitsdrang erwacht, die – auch ohne die Anwesenheit von Wild – urplötzlich ein großes Interesse an ihrer Umwelt entwickeln und diese nun wesentlich spannender finden als ihren Halter, hört man diese These immer wieder. Doch als Trost sei den hinter ihrem Canis pubertus herpfeifenden und -rufenden Hundehaltern gesagt, dass das eine mit dem anderen rein gar nichts zu tun hat. Wenn Sie also den Eindruck haben, dass Ihr Hund Sie in diesem Moment nicht hört, entspricht dies zwar höchstwahrscheinlich den Tatsachen, hat aber nichts mit mangelnder Bindung zu tun.

Bindung und Hundesport

Ein anderes, immer wieder gehörtes Vorurteil zur Bindung ist, dass Hundesport per se die Bindung verbessert. Im Einzelfall mag das der Fall sein: Eine bereits bestehende Bindung wird durch diese Art der Beschäftigung intensiviert, aber andersherum wird kein Schuh draus. Wenn die Basis nicht stimmt, werden Sie durch Hundesport keine bessere Bindung zu Ihrem Hund bekommen, weil das eben ein besonderes Ereignis und nicht der Alltag ist. Ohne Vertrauen und die Kompetenz zur Führung des Hundes wird kein Hundesport der Welt in der Lage sein, Hund und Halter aneinander zu binden.

Bindung und Gehorsam

Sehr oft wird auch ein guter Grundgehorsam mit einer guten Bindung gleichgesetzt. Auch dabei reden wir aber von ganz verschiedenen Dingen. Ein Hund kann perfekt trainiert sein und »funktionieren«, und dennoch muss er dazu keine echte Bindung an seinen Halter haben. Leider sieht man im Alltag sogar sehr oft das Gegenteil: Hunde, die durch starken Zwang in der Ausbildung zwar »Kadavergehorsam« zeigen, die aber kein Vertrauensverhältnis zu ihrem Hundeführer haben. Auf der anderen Seite gibt es viele Familienhunde, die keine besondere Ausbildung genossen haben, die vielleicht sogar jagen gehen, dafür aber eine sehr gute Bindung an ihre Menschen haben.

Bindung und Leckerchen

Vielfach wird Bindung auch mit der Gabe von Leckerchen oder einer Abhängigkeit des Hundes von der nährenden Hand des Menschen gleichgesetzt. So hört man oft den Tipp der reinen Handfütterung zum Bindungsaufbau. Diese Praxis ist aber absolut unbiologisch, vor allem bei Junghunden, die normalerweise ohne die Forderung von Gegenleistungen von den Alttieren mit durchgefüttert und versorgt werden. Unseres Erachtens sollten dem Hund immer 40 Prozent seiner Futterration zur Verfügung stehen – und zwar ganz ohne Gegenleistung! Durch die ausschließliche Fütterung des Hundes für die Gegenleistung Kooperation mit dem Menschen erreicht man zwar eine Abhängigkeit, jedoch keine Bindung, die ja auf Freiwilligkeit basieren sollte. Denn als Futterautomat sind Sie jederzeit austauschbar ... Trotzdem dürfen und sollen Sie Ihren Hund draußen mit Leckerchen bestärken! Aber vergessen Sie nicht, dass zum Aufbau einer echten Bindung eben noch ganz andere Dinge gehören.

> Bindung kann nicht erfüttert, aber erstreichelt werden.

Bindung und Kontrolle

Ihr Hund folgt Ihnen auf Schritt und Tritt, egal wohin Sie in der Wohnung auch gehen? Deshalb meinen Sie: »Toll, mein Hund hat eine intensive Bindung und mag mich so sehr, dass er immer bei mir sein möchte.« Wir enttäuschen Sie ungern, aber die meisten dieser Hunde folgen Ihren Haltern nicht aus Zuneigung, sondern entpuppen sich bei näherer Betrachtung als wahre »Kontrollettis«. Jawohl, diese Hunde kontrollieren Sie und Ihre Handlungen. Sollten Sie solch einen Aufpasser Ihr Eigen nennen, dann überraschen Sie ihn doch einmal und schließen einfach eine Tür hinter sich, wenn Sie ein Zimmer verlassen. Andere Hundehalter machen aus Unkenntnis häufig den Fehler, sich im häuslichen Umfeld permanent um ihren Hund zu kümmern und ihm alles recht machen zu wollen. Grenzen setzen? Fehlanzeige! Den Hund auch einmal abweisen? Nein, das geht doch nicht! Den Hund auf seinen Platz schicken, und zwar, egal wo er sich im Hause gerade befindet? Nein, dem Kommando würde er nie folgen! Besonders anfällig dafür sind Hundehalter, die einen Hund aus dem Tierschutz übernommen haben. Diese Hunde, so die Überlegung der Besitzer, haben so ein schlechtes Leben hinter sich, jetzt soll es ihnen doch gut gehen. Aber auch hier gilt der Satz: »Gut gemeint ist nicht immer auch gut gemacht.«

> Die Trennung vom eigenen Menschen auszuhalten, will beizeiten geübt sein.

Die Kehrseite der Medaille

Eine zu enge Bindung birgt auch ihre Risiken: Hunde zeigen dann oft eine massive Stressreaktion bei der Trennung von ihrem Menschen. Die Lebensumstände können sich im Laufe eines Hundelebens ändern, was dann unter Umständen zu Problemen führt, wenn der Mensch beispielsweise seinen Arbeitsplatz wechselt und den Hund nicht mehr mitnehmen kann oder wenn der Besitzer ins Krankenhaus muss. In diesem Fall ist man froh, wenn die Bindung nicht allzu eng ist und sich das Leben in Ausnahmesituationen dadurch leichter gestalten lässt.

Die goldene Mitte

Eine zu enge Bindung des Hundes ist also nicht erstrebenswert, und vieles, was mit Bindung gleichgesetzt wird, hat mit dieser nichts zu tun. Wir sollten darauf achten, dass unser Hund uns vertraut, er sich in unserer Gegenwart wohlfühlt – und natürlich auch umgekehrt! – und dass wir ihn auch mal einfach Hund sein lassen und versuchen, seine Biologie als sozial lebendes Säugetier zu verstehen. Ob das Ganze dann unter echter Bindung oder aber unter einer persönlichen Beziehung läuft, ist unterm Strich nicht so wichtig. Auch sollten wir beachten, dass verschiedene Rassen ein unterschiedlich ausgeprägtes Bindungsverhalten an den Tag legen. So wird sich ein Beagle, der auf sehr viel Eigenständigkeit bei der Arbeit selektiert wurde, nie so eng binden wie ein deutscher Schäferhund. Die Bereitschaft eines Hundes, sich an einen Menschen zu binden, ist in den Jahrtausenden der Entwicklung vom Wildtier Wolf zum Haustier Hund entstanden und entspringt durchaus auch seinem natürlichen Bedürfnis, beschützt

WIE BEKOMME ICH EINE GUTE BINDUNG ZU MEINEM HUND?

- Zeigen Sie Ihrem Hund von Anfang an, dass er sich auf Sie verlassen kann. Bleiben Sie für ihn berechenbar und bleiben Sie immer fair.
- Gefahrenabwehr ist Ihre Aufgabe als Leittier: Stehen Sie für Ihren Hund ein, wenn er gemobbt wird.
- Lust auf ein Spiel? Spielen Sie oft mit ihm, bevorzugt körperbetont.
- Massieren Sie Ihren Hund, wenn dieser es offensichtlich genießt, durchaus mehrmals die Woche.

zu werden. Wie wir aus der Wolfsforschung wissen, binden sich erwachsene Wölfe, die als Welpen von Menschen aufgezogen wurden, wesentlich schlechter an Menschen als vom Menschen sozialisierte Hunde. Man weiß aus der Forschung auch, dass sich Hunde zwar an Menschen binden können, aber viel seltener an andere Artgenossen. Für Sie als Hundehalter ist es wichtig, eine ausgewogene Balance zwischen einer Überbehütung und einer Vernachlässigung zu finden. Diese Balance ist aber nicht starr. Sie muss situationsangepasst sein und ändert sich im Laufe des Zusammenlebens mit Ihrem Hund. Denn die Bedürfnisse Ihres Hundes, aber auch Ihre eigenen unterliegen den Veränderungen, die unterschiedliche Lebensphasen mit sich bringen.

AGGRESSION GLEICH DOMINANZ?

Aggression und Dominanz werden häufig in einen Topf geworfen. In diesem Kapitel erfahren Sie, warum das eine mit dem anderen nichts zu tun hat.

HILFE – MEIN HUND IST AGGRESSIV!

Es ist noch gar nicht so lange her, da hatten Sie einen süßen, knuddeligen Welpen, der Ihnen Herzchen in die Augen gezaubert hat. Sie haben mit ihm die Welpengruppe der örtlichen Hundeschule besucht, er zeigte sich gelehrig, machte brav »Sitz« und »Platz«, und an der Leine klappte es auch richtig gut. Alles hätte so wunderschön sein können, aber dann eines Tages passierte »es«: Der Kleine hat Sie gebissen. Was war passiert? Sie hatten Ihren Youngster zu einem Zerrspiel animiert, und er nahm Ihr Angebot dankbar an. Freudig zerrten und zergelten Sie gemeinsam an der Beißwurst, ließen mal ihn gewinnen, dann wieder zeigten Sie, wer der »Stärkere« war. Das Spiel wurde immer wilder und ausgelassener und machte beiden immer mehr Spaß – zumindest dachten Sie das.

Plötzlich ein Rowdy

Auf einmal beginnt, erst leise, dann aber immer weiter anschwellend, ihr junger Kraftprotz zu knurren. »Hey, der freut sich aber«, dachten Sie und begannen nun Ihrerseits, heftiger zu zerren. Als Antwort kam ein noch lauteres Knurren, verbunden mit einem deutlich sichtbaren Aufrichten des Nackenfells. Auch die schüttelnden Bewegungen des Kopfes Ihres jungen Mitspielers wurden nun immer heftiger. Das anfangs noch eher hell tönende Knurren wurde immer tiefer. Sie wollten dem nun ein Ende machen, riefen »Aus« und noch einmal »Aus« und versuchten, Ihrem Liebling die Beißwurst zu entreißen. Da passierte es, und Ihre Mein-Hund-hat-mich-so-lieb-Welt brach zusammen: Ihr Liebling schoss vor, die Ohren aufgerichtet, und Sie spürten seine Zähne in Ihrer Hand.

Ursachensuche tut not

Ursachen dafür kann es viele geben, aber im Rahmen dieses Buches können wir natürlich nicht alle Aspekte beleuchten, die sich mit dem umfassenden Thema Aggression beschäftigen.

Doch wir möchten Ihnen klarmachen, dass es *die* Aggression und *den* aggressiven oder womöglich sogar bösen Junghund nicht gibt. Es ist die Aufgabe des Besitzers, am besten mit Unterstützung eines Trainers, die Ursachen zu ergründen und durch sinnvolle Trainingsansätze das Verhalten des Hundes wieder in eine verträgliche Form zu bringen oder, wenn dies nicht möglich ist, eventuell gefährliche Situationen vorausschauend zu managen.

Was ist eigentlich Aggression?

Der Begriff »Aggression« löst bei vielen Hundehaltern erst einmal negative Emotionen aus. Ein Hund soll doch lieb, nett und freundlich zu jedermann sein. Aggressive Kommunikation ist aber beim Hund genetisch festgelegt und verhaltensbiologisch sinnvoll. Aggression (von lateinisch *aggressio* für *heranschreiten, heran-*

führen, angreifen) ist ein normales biologisches Verhalten bei Menschen und Tieren. Es tritt bei Hunden das erste Mal im Welpenalter von vier bis fünf Wochen auf. Erst einmal wahllos und ungehemmt beißt der Welpe in alles hinein, was ihm in die Quere kommt, inklusive seiner Wurfgeschwister. Und die viel beschworene Beißhemmung? Fehlanzeige, denn die muss erst gelernt werden. Der Welpe muss also erst lernen, seine Waffen, also die Zähne, zu gebrauchen. Deshalb ist es so wichtig, die Welpen untereinander auch einmal gewähren zu lassen und ihr oft wild anmutendes Sozialspiel nicht immer sofort zu unterbrechen. Denn die Beißhemmung kann sich individuell nur entwickeln, wenn ein Welpe auch am eigenen Körper erfährt, wie schmerzhaft es ist, die spitzen Zähnchen seines Bruders oder seiner Schwester in der eigenen Haut zu spüren, oder aber, dass keiner mehr mit ihm

❯ Nicht alles, was nach Aggression aussieht, ist es auch.

spielt, wenn er es gar zu bunt treibt. Wenn das Spiel zu wild wird, schreitet meist die Hundemama ein, genervt von der Schreierei und Quiekerei. Aggression ist also keine Verhaltensstörung, sondern gehört zum normalen Verhaltensrepertoire eines Hundes und will erprobt werden. Eine unter Wissenschaftlern anerkannte Definition des Begriffes stammt von dem britischen Verhaltensbiologen John Archer: »Aggression ist ein Regulationsverhalten, das von einem Tier eingesetzt wird, um störende Reize aus seiner unmittelbaren Umgebung zu entfernen.« Wenn einem ein Artgenosse zu nahe kommt, wird so lange Droh- oder Aggressionsverhalten gezeigt, bis dieser auf die gewünschte Distanz gegangen ist. Aggressive Kommunikation und aggressives Verhalten dienen also der Wiederherstellung des »Wohlfühlabstands« zum Gegenüber und haben eben nicht das Ziel, den Störenden zu beschädigen. Dieser individuelle »Wohlfühlabstand«, die sogenannte Individualdistanz, ist auch uns Menschen eigen. In engen Aufzügen, wo sie notgedrungen oft unterschritten wird, fühlen sich die meisten unwohl, weil einem der Mitmensch buchstäblich »auf die Pelle« rückt.

Gängige Irrtümer über Aggression

Ein leider immer noch weitverbreiteter Irrtum unter Hundehaltern ist die Annahme, dass das jagdlich motivierte Verhalten eines Hundes und somit auch des Junghundes mit Aggressivität zu erklären und gleichzusetzen ist. Es wird aber von ganz anderen Bereichen des Gehirns gesteuert, und es sind völlig andere Hormone und Botenstoffe an der Auslösung und der Aufrechterhaltung des Jagdverhaltens beteiligt. Es dient der möglichst schnellen Distanzverrin-

GEFÄHRLICHE JAGD

Missinterpretiert und als besonders aggressiv eingestuft wird ein Verhalten des Hundes, bei dem ein größerer Hund einen kleineren attackiert und durch Bisse beschädigt und im schlimmsten Fall sogar tötet. Auch wenn es letztlich für das betroffene Tier und den Halter egal ist, so entspringt diese Art der Beißattacke nicht einem aggressiven Kontext, sondern ist vielmehr übersteigertes Beutefangverhalten und somit fehlgeleitetes Jagdverhalten. Deshalb ist es so wichtig, dass größere Hunde in der Welpen- und Junghundezeit auch auf kleinere Hunde sozialisiert werden, um diese oft quirligen Artgenossen nicht als Beuteobjekte anzusehen.

gerung zum Beuteobjekt und umfasst auch das Packen und Töten des erjagten Tieres.

Ein anderer Irrtum, der sich nach wie vor hartnäckig in der Hundeszene hält, ist die Behauptung, Dominanz habe etwas mit Aggression zu tun. Um es klar und deutlich zu schreiben: Es gibt den dominanten Hund nicht! Dominanz beschreibt keine Eigenschaft, sondern eine situationsbezogene Beziehung zwischen zwei oder mehreren Individuen, hier also Hunden. Dominanz beginnt unten in der Rangfolge, denn das Bestreben, sich dominierend zu verhalten, ist immer abhängig davon, ob sich das Gegenüber dominieren lässt. Und das bedeutet, dass die unterwürfige Rolle freiwillig akzeptiert wird, weil sie letztlich Vorteile bringt. Näheres zur Dominanz finden Sie ab Seite 86.

AGGRESSION HAT VERSCHIEDENE FORMEN

Das aggressive Verhalten des Hundes ist ein Werkzeug, das in vielen verschiedenen Bereichen eingesetzt wird und das durch unterschiedliche Hormone, Botenstoffe und auch Gehirnregionen gesteuert wird. Dadurch erklärt sich, dass es keine pauschalen Trainingsansätze oder Verhaltenstherapien dagegen gibt. Ihnen muss immer eine genaue Analyse der Vorgeschichte, der auslösenden Situation und des aggressiven Verhaltens vorangehen.

Wir möchten betonen, dass die meisten der Aggressionsformen, die bei Hunden vorkommen können, zwar dem natürlichen Verhaltensrepertoire eines Hundes entsprechen, aber dennoch vom Besitzer keineswegs einfach so hingenommen werden dürfen. Es ist die Aufgabe des Halters, diese Verhaltensweisen in eine gesellschaftsfähige Form zu bringen und wenn nötig auch konsequent zu unterbinden.

Selbstschutz

Eine Form der Aggression ist die sogenannte Selbstschutzaggression. Wir unterscheiden dabei offensives und defensives Verhalten. In Situationen, in denen Selbstschutz nötig ist, bleibt dem Hund nichts anderes übrig, als unverzüglich und ohne vorangehendes Drohverhalten und langsame Eskalation mit voller Schlagkraft anzusetzen, um danach die Schrecksekunde des Gegners zum Entkommen auszunutzen.

Ob die Bedrohung wirklich so groß ist, spielt dabei keine Rolle. Es kommt allein auf das subjektive Empfinden des Tieres an. Dies ist ein völlig normales Verhalten und sichert Tieren in der Natur oft das Überleben. Gesteuert wird dieses Verhaltensmuster von den Stresshormonen Kortisol, Adrenalin und Noradrenalin.

Das Tückische ist, dass jedes Mal, wenn der Hund eine als gefährlich eingeschätzte Situation erfolgreich überstanden hat, dieses Verhalten als hilfreich abgespeichert wird: Es kommt bei nächstbester Gelegenheit wieder zur Anwendung. Darum wollen wir unsere Hunde gar nicht erst in die Verlegenheit bringen, sich selber verteidigen zu müssen und den Angriff als beste Verteidigung abzuspeichern.

Wie die Selbstschutzaggression werden leider auch viele andere Formen der Aggression schnell und unreflektiert als Verhaltensdefekt gesehen, der schleunigst wegtherapiert gehört. Auf der anderen Seite gibt es diejenigen, die aus einer pseudobiologischen Überlegung heraus Aggression als völlig normal betrachten und die These vertreten, dass Hunde, analog zu frei lebenden Caniden, alles unter sich ausmachen sollten. Diese Behauptung haben wir leider schon auf vielen Hundeplätzen und Hundewiesen gehört. Glauben Sie uns. Sie ist schlichtweg falsch

WENN BEISSEN SPASS MACHT

Eine Sonderform ist der sogenannte »Lustbeißer«. Hier hat ein junger Hund fälschlicherweise erfahren, mit seinen Beißattacken ein dopamingesteuertes Lustgefühl zu empfinden, wenn er zubeißt. Infolgedessen zeigt er dieses Verhalten immer wieder. Wer einen solchen Hund sein Eigen nennt, benötigt in jedem Fall die kompetente Hilfe eines erfahrenen Hundetrainers.

Wenn Schmerzen aggressiv machen

Wenn sich Ihr junger Hund urplötzlich wie aus heiterem Himmel aggressiv verhält und beispielsweise bei einer Berührung oder einem Streicheln durch Sie Meideverhalten zeigt, ja vielleicht sogar zuschnappt, sollten Sie dennoch kühlen Kopf bewahren. Lassen Sie immer zuerst von einem Tierarzt abklären, ob Ihr Hund vielleicht Schmerzen hat. Denn Hunde verbergen ihre Schmerzen so gut, dass sie manchmal nur durch Aggression erkannt werden.

Fight or Flight – kämpfen oder weglaufen?

Einen besonders großen Raum bei der Behandlung des Themas nimmt die Angstaggression ein. Gerade auch junge, noch nicht erwachsene und emotional stabile Hunde neigen dazu, aus Unsicherheit, Angst oder Furcht aggressives Verhalten zu zeigen. Deshalb kommt beim Umgang mit jungen, unsicheren Hunden der souveränen Führungskompetenz des Halters eine besonders herausgehobene Bedeutung zu. Der Halter eines emotional instabilen pubertierenden Junghundes muss diesem klar und für ihn glaubwürdig kommunizieren, dass er die angstauslösende Situation vollkommen im Griff hat und für seinen Hund einsteht. Darum besteht für den Hund auch kein Anlass, das Problem selber zu lösen. Zeigt sich der Halter ebenfalls unsicher, wird sich diese Stimmungslage auf den Junghund übertragen und seine eigene unsichere Stimmungslage noch weiter verstärken.

Leinenpöbelei aus Angst

Auch einige der unerwünschten Verhaltensweisen, die viele junge Hunde an der Leine zeigen,

> Pfotenauflegen, Blickfixieren, die Rute steil nach vorn gebogen beim hinteren, unterwürfige Kommunikation beim vorderen Hund.

sind Ausdruck einer Angstaggression. Hunde an der Leine, vor allem an der kurzen, straffen Leine, sind eines Teils ihrer Kommunikations-, aber auch ihrer Ausweich- und Fluchtmöglichkeiten beraubt. Wieder spielt die Stimmungsübertragung vom Halter auf den Hund – und umgekehrt – eine große Rolle, wenn dem Youngster keine Sicherheit vermittelt wird. Wenn ein Hundehalter, verunsichert durch das erlebte Verhalten seines Vierbeiners, beim Anblick eines anderen Mensch-Hund-Teams in einiger Entfernung reflexartig die Leine kürzt und sie strafft, so wird dem eigenen Hund signalisiert: »Vorsicht, da vorn ist etwas, das kann ich nicht einschätzen, das verunsichert mich.« Diese unsichere Gestimmtheit überträgt sich unmittelbar auf den Hund. Er wird nun seinerseits hochaufmerksam, angespannt, und sein gesamter Fokus ist nach vorn gerichtet. Kein Wunder also, dass das im Grunde so »liebe und brave Lämmchen« auf einmal zu Rambo mutiert und versucht, sich heftig in die Leine werfend, sich auf den näher kommenden vermeintlichen Störenfried zu stürzen. Gesteuert wird diese Reaktion vom Botenstoff Noradrenalin.

Ressourcen- oder Wettbewerbsaggression

Wettbewerbsaggression wird in vielen Situationen gezeigt, weil es auch hier unterschiedliche Formen gibt. Zur Wettbewerbsaggression gehören die Futteraggression (gesteuert durch das Stresshormon Kortisol), die Eifersucht, die dem Hund oft fälschlicherweise abgesprochen wird, aber nichts anderes ist ja die Verteidigung des Bindungspartners (gesteuert wird sie durch das »Eifersuchtshormon« Vasopressin), die

Status- und Rangordnungsaggression (gesteuert durch die Sexualhormone und das Serotonin) und die Revierverteidigung. Zur Analyse der Ursachen für die Wettbewerbsaggression und zur Erstellung eines Trainingsplans ist also wieder eine umfassende Anamnese nötig.

Der individuelle Wert des zu verteidigenden Gegenstands ist auch ein Grund dafür, dass Hündinnen solche Auseinandersetzungen meist deutlich heftiger führen als ihre männlichen Kollegen. Denn Hündinnen sind noch stärker auf Nahrungsressourcen für sich und ihre Nachkommen angewiesen, und der Nachwuchs ist für die Hündin wesentlich wichtiger als für einen Rüden, weil die Trächtigkeit und die Säugezeit wesentlich energieintensiver für sie sind, als es der kurze Paarungsakt für den Rüden ist. Achten Sie also besonders in der Zeit rund um die Läufigkeit Ihrer Hündin auf sie und lassen Sie sie nicht allein »im Regen stehen«.

❯ Auch ein Spielzeug kann als wichtige Ressource verteidigt werden.

Zwischenartliche Aggression

Zum Abschluss wollen wir noch die zwischen-
artliche Aggression nennen: So heißt das
Konkurrenzverhalten der Raubtiere gegenüber
kleineren Konkurrenzarten. In frei lebenden
Ökosystemen sind dies für die Wölfe die Kojoten, für die Kojoten wiederum die Füchse.
Nicht sehr häufig, aber leider doch gelegentlich
zeigen auch Hunde Reste dieses Verhaltens,
wenn beispielsweise ein großer Hund einen
kleinen Artgenossen nicht als solchen sieht,
sondern als ökologische Konkurrenz, die es
zu beseitigen gilt. Das passiert fast ausnahms-
los bei Hunden, die in der Jugend mangelhaft
sozialisiert wurden. Darum ist es so wichtig,
dass große Hunde in Welpenstunden und bei
anderen Gelegenheiten lernen, dass es auch
kleinere, anders aussehende und sogar manchmal anders kommunizierende Artgenossen
gibt, mit denen man sich trotzdem zivilisiert
unterhalten muss und kann, anstatt sie einfach
anzugreifen und gegebenenfalls zu verletzen.

Versöhnung muss sein

Ein ganz wichtiger Aspekt darf nicht übersehen werden und ist für den Umgang mit dem
jungen Hund von entscheidender Bedeutung.
Bei Wölfen, frei lebenden Hunderudeln und
anderen sozial lebenden Caniden ist eindeutig
nachgewiesen, dass nach Auseinandersetzungen
im Rudel oft Versöhnungsverhalten von Seiten
des Gewinners gezeigt wird, um die Situation
im Nachhinein wieder zu entschärfen. Daran
sollte sich der Hundehalter unbedingt orientieren und den Unsinn, seinen Jungspund für ein
Fehlverhalten stunden- oder tagelang zu ignorieren, endlich endgültig über Bord werfen!

AGGRESSIONSFORMEN IM ÜBERBLICK

Elterliche Schutzaggression
Aggression in der Trächtigkeit und
Mutterschaft der Hündin zur Verteidigung des Nachwuchses. Wird aber
auch vom Vater gezeigt.

Territoriale Aggression
Verteidigung des beanspruchten Reviers.

Umadressierte Aggression
Frustration gegen einen anderen wird
an einem Dritten ausgelassen.

**Ressourcen- oder Wettbewerbs-
aggression**
Verteidigung von Ressourcen wie Futter,
Bezugsperson, Spielzeug, Couch ...

Angstaggression
Bei der Entscheidung, in einer angstauslösenden Situation zu kämpfen oder zu
flüchten, wird die Kampfvariante gewählt.

Schmerzassoziierte Aggression
Durch körperliches Unwohlsein und
Schmerzen ausgelöste Aggression.

Leider wird diese Art und Weise des Umgangs,
gerade mit jungen Hunden, von vielen »Hunde-
wiesenexperten«, aber auch von Hundetrainern
immer wieder empfohlen. Denken Sie bitte
in diesen Situationen einmal zurück an Ihre
Kindheit. Wie haben Sie sich gefühlt, wenn Sie
erleben mussten, wie Ihre wichtigsten Bezugs-
personen, Ihre Eltern, Sie nach einer vermeintlichen Missetat tagelang schweigend ignorierten?
Sicher nicht gut. Ignoranz zerstört Vertrauen.

> Situative Dominanz durch gehemmt defensiv-aggressive Kommunikation

WER IST HIER DER BOSS? DIE SACHE MIT DER DOMINANZ

Es vergeht kaum ein Gespräch zwischen zwei oder mehreren Hundemenschen, bei dem nicht mindestens einem oder mehreren der an- oder abwesenden Hunde unterstellt wird, er sei »dominant«. Besonders häufig wird pubertierenden Schnöseln Dominanz unterstellt. Man hat das Gefühl, dass jeder Hund mit einem halben Jahr automatisch die Weltherrschaft übernehmen will. Doch stimmt das wirklich? Tatsächlich sind Sturheit, Aggression, Aufmüpfigkeit und anderes, was Jungspunde zeigen, weit von Dominanz entfernt. Denn Dominanz ist keine Eigenschaft eines Lebewesens, sondern immer eine Beziehung zwischen zwei Lebewesen. Dominanz als Anführerschaft hat mit Wissen, Kompetenz und Lebenserfahrung zu tun, beruht immer auf Freiwilligkeit seitens desjenigen, der dies klaglos anerkennt und der in der Regel froh ist, wenn ihm diese verantwortungsvolle Aufgabe abgenommen wird.

Achten Sie einmal darauf: Der Dominanzbegriff wird sehr oft herangezogen, um das Verhalten eines Hundes zu erklären oder zu entschuldigen: für Sturheit, Aggression, Aufmüpfigkeit und anderes, was Jungspunde zeigen. Häufig hat man den Eindruck, dass die Halter dieser Hunde das gar nicht so ungern sehen oder hören, schließlich ist ein dominanter Hund ja auch ein ganzer Kerl. Außerdem wird mit diesem Argument gern die eigene Erziehungsunfähigkeit kaschiert.

Denn wenn der Hund dominant ist, dann kann man sowieso nichts dagegen tun ... Es ist also nicht nur für Hundebesitzer, sondern auch für manche Hundetrainer Zeit, sich von dem völlig falschen und veralteten Verständnis der Dominanz zu verabschieden – das tut auch die Wissenschaft! –, denn Dominanz unter Hunden ist weit entfernt von Herrschenwollen und Überlegenheit. Mit einem weiteren Mythos, der fälschlicherweise noch immer mit dem Dominanzbegriff in Verbindung gebracht wird, möchten wir aufräumen. Dominanz hat nichts mit Gewalt zu tun. Im Gegenteil, eine Dominanzbeziehung kommt völlig ohne Gewalt aus, denn der dominante Part in einer Beziehung hat es nicht nötig, seine Privilegien mit Gewalt durchzusetzen.

Was ist Dominanz wirklich?

Die Mehrzahl der Verhaltensbiologen ist sich darüber einig, dass Dominanz keine Eigenschaft ist. Es handelt sich vielmehr um eine Beziehung, also um ein komplexes Zusammenspiel des Verhaltens von mindestens zwei beteiligten Tieren (oder auch Menschen). Eine Dominanzbeziehung liegt dann vor, wenn einer der beiden Beteiligten regelmäßig und vorhersagbar seine Interessen gegen den anderen durchsetzen kann, ohne dafür direkt körperliche Gewalt anwenden zu müssen. Die Dominanzbeziehung wird also durch die Anerkennung seitens des Dominierten bestätigt und gefestigt. Der Ranghöhere kann zwar entscheiden, wann er die Privilegien einfordern und seine Dominanzansprüche durchsetzen möchte, er kann aber auch darauf verzichten, wie wir später noch sehen werden. Aber der Rangtiefere ist trotzdem derjenige, der die Ansprüche anerkennen muss und durch

sein dementsprechendes Verhalten die Dominanzbeziehung dann erst möglich macht. Ohne anerkennende Indianer also kein Häuptling. Wie jede soziale Beziehung wird auch eine Dominanzbeziehung durch eine langwierige Aufsummierung von Verhaltensweisen über Raum und Zeit zwischen den beteiligten Tieren festgestellt. Dominanzbeziehungen sind bei den meisten Tierarten auch historisch und individuell, das heißt, dass es nur nach einer gemeinsamen Vorgeschichte und -erfahrung der beiden Beziehungspartner zu einer echten Dominanzbeziehung kommen kann – nie zwischen sich unbekannten Hunden. Da haben wir den ersten Grund, warum der pubertierende, risikofreudige Hund, der es auf der Hundewiese mal wissen will, gar kein dominanter Typ sein kann.

WEIT ENTFERNT VON DOMINANZ

Haben auch Sie ein solch dominantes Exemplar, das auf der Couch oder gar im Bett liegt, das frisst, wenn Sie ihm den Napf hinstellen, und nicht wenn Sie Ihre Mahlzeit beendet haben, und das sogar manchmal vor Ihnen durch die Tür geht? Um Gottes willen, mögen Sie nach der Lektüre verschiedener veralteter Hundebücher meinen, die in solchen Fällen sofort mit dem Dominanz-Zaunpfahl winken. Auch viele Hundetrainer kommen noch viel zu oft, vor allem bei aufmüpfigen, pubertierenden Youngstern, mit der Mär von der Dominanz an.

Ein dominanter Hund ist selten aggressiv

Will man die Dominanz wissenschaftlich belegen, so setzt man die Zahl der begonnenen, die Zahl der gewonnenen und derjenigen Auseinandersetzungen, in die das Tier überhaupt verwickelt war, in Bezug zueinander. Am Ende kommt derjenige als Chef heraus, der nie eine Auseinandersetzung beginnt, aber jede gewinnt, in die er von anderen verwickelt wurde. Genau hier liegt die zweite Fehleinschätzung der meisten pöbelnden Hunde. Häufig handelt es sich nämlich um kleine Stänkerer, die weit entfernt vom Status eines dominanten Hundes sind. Im günstigsten Falle könnten sie etwa auf der mittleren Rangposition landen, wenn sie tatsächlich viele der von ihnen selbst vom Zaun gebrochenen Auseinandersetzungen auch gewinnen. Viel häufiger jedoch würden sie diese selbst provozierte Auseinandersetzung verlieren, wenn sie nicht von ihrem willfährigen Halter gerettet oder anderweitig aus der kritischen Situation herausgeführt würden. Und dann wären diese Stänkerer ganz unten in der Rangordnung wiederzufinden.

Dominanz hat nichts mit Aggression zu tun! Wer wirklich dominant über andere ist, kann ohne jegliche Aggression seine Interessen durchsetzen: Es reicht oft ein Blick oder ein Aufrichten des Körpers. Er kam, sah und kriegte – was auch immer er will! Genau das ist die Charakteristik eines wirklich ranghohen Tieres, dem sich alle anderen freiwillig unterordnen. Wer aggressiv werden und womöglich sogar mit körperlicher Gewalt agieren muss, ist eben nicht unangefochten dominant.

Dominanz und Ressourcen?

Gerade der Zugang zum Futter ist bei Hundeartigen nicht an die Rangposition gekoppelt. Eine Vielzahl von Studien an Wölfen, verwilderten Haushunden und auch in Familien lebenden Hunden zeigt, dass beim Futter eine ganz andere Beziehung gilt: Wer am lautesten und glaubwürdigsten schreit, »Ich habe Hunger« – im Zweifelsfall der Beagle oder der Labi ... –, der bekommt das Futter. Mit diesem sogenannten motivations- und bedarfsabhängigen System ist es einem Wolfsrudel, einer Gruppe von Müll-

FUTTER ABGEBEN ÜBEN

Es ist wichtig, dass Sie Ihrem Hund jederzeit das Futter oder einen Knochen wegnehmen können: Das rettet Ihrem Liebling unter Umständen das Leben, wenn er sich an Ködern mit Rattengift oder anderen für ihn schädlichen Dingen zu schaffen macht. So können Sie es üben: Geben Sie Ihrem Jungspund einen Büffelhautknochen und lassen ihn eine kurze Weile daran nagen. Entfernen Sie sich ein Stück von ihm und rufen Sie ihn freudig zu sich. Ist er bei Ihnen, dann bieten Sie ihm einen besonderen Leckerbissen wie ein Stück Käse oder gekochtes Hühnchenfleisch im Austausch an. Belegen Sie diesen Vorgang mit einem Hörzeichen, beispielsweise »Aus« oder »Gib's her«.

> Sozial verträglichen Hunden können Sie ein saftiges Stück Melone anbieten – und wieder wegnehmen!

kippenhunden oder einem Rudel afrikanischer Wildhunde jederzeit möglich, eine Nahrungsquelle schnell zu nutzen. Und zwar so schnell, dass die Konkurrenten aus dem Nachbarrevier oder aus einer stärkeren Art keine Chancen haben. Würden die Wildhunde erst eine Diskussion über Rangpositionen ausfechten, hätten die Hyänen längst die Beute gefressen.

Deswegen ist es ein verbreitetes, aber falsches Missverständnis, wenn Ihnen jemand erzählt. »Bevor du deinen Hund fütterst, musst du unbedingt erst selber einen Keks essen, sonst wird dein Hund dominant.« Oder: »Du darfst deinem Hund nie von dem abgeben, was du selbst gerade isst. Sonst wird deine Rangposition infrage gestellt.« Solche Aussagen beruhen auf einem Verständnis von Dominanzpositionen,

wie es für unsere weitläufigen Verwandten, die Affen, üblich ist. Dort darf sich in der Regel der Ranghohe jederzeit nach Lust und Laune am Futter des Rangtieferen bedienen.

Das gilt aber nicht für Hunde! Glück gehabt, Sie dürfen als Ranghoher Ihren Canis pubertus füttern, wann Sie wollen, und müssen nicht darauf warten, dass Sie selber fertig gegessen haben. Bei Hundeartigen wäre eine solche Vorgehensweise auch wenig produktiv. Ein ranghoher Wolf, der sich zwar selbst am toten Hirsch den Bauch vollgeschlagen hat, jedoch nur ein Rudel hungriger und dementsprechend geschwächter Mitstreiter hinter sich hätte, könnte bei einer Konfrontation weder gegen das stärkere Nachbarrudel noch gegen den Braunbären oder andere überlegene Konkurrenzarten bestehen.

Situative und formale Dominanz

Die Probleme im Umgang zwischen Hund und Mensch entstehen nicht aus dem Rangordnungsbestreben des Hundes, sondern aus zwei ganz anderen Situationen: Zum einen aus der sogenannten situativen Dominanz, zum anderen aus der Verwechslung von Dominanz und Anführerschaft. Es ist wichtig und nützlich, diesen Unterschied zu verstehen und im Verhältnis zum eigenen Hund zu erkennen, denn dann können Sie sich Ihrem rüpelhaften Youngster gegenüber angemessen verhalten. Nur wenige Körperhaltungen, die über Monate und Jahre hinweg gezeigt werden, spiegeln den formal dominanten Hund wider. Der in dieser Langzeit-Rangordnung dominante Hund zeigt eine aufrechte Körperhaltung mit durchgestreckten Gelenken und einer erhobenen Kopf- und Schwanzhaltung. Er macht sich groß. Der Unterlegene in der Langzeit-Dominanzbeziehung zeigt hingegen die sogenannte Low-Posture mit eher eingeknickten Gelenken, gesenktem Kopf und herabhängendem Schwanz. Er macht sich äußerlich klein.

Alle anderen Verhaltensweisen, die oft als dominant gelten, wie Kopf auflegen, Scheinattacken, Pfoten auflegen bis zum Schnauzbiss sind eher der situationsabhängigen Kurzzeitdominanz zuzuordnen. Und genau um diese Verhaltensweisen geht es hauptsächlich. Denn die situative Dominanz ist nicht gekoppelt an die Langzeitrangordnung, sondern teilt dem Gegenüber lediglich mit, dass man in der momentanen Situation gerne etwas durchsetzen möchte. Das kann der Zugang zum Futter, zu einem besonders begehrten Ruheplatz oder aber auch ein Abbruchsignal sein nach dem Motto »Hör auf, du nervst« oder auch schlichtweg eine Vergrößerung der Individualdistanz, die man gerade – aus welchem Grund auch immer – gerne hätte. Von oben nach unten und umgekehrt – all diese Situationen sind nicht nur vom Ranghö-

> Kinder werden von Hunden nicht als Leitpersonen angesehen.

heren zum Rangtieferen zu beobachten, sondern diese Verhaltensweisen der situativen Dominanz werden durchaus auch oft vom Rangtieferen der Langzeitrangordnung ausgehend nach oben gezeigt und vom Ranghöheren beachtet. Genau hier liegt einer der wichtigsten Punkte für das Verständnis unseres Haushundes: Wenn unser Jungspund uns mit einem Verhalten der situativen Dominanz mitteilt, dass ihm irgendetwas, was wir gerade tun, nicht gefällt, haben wir trotzdem keinen Anlass, daran zu zweifeln, dass er uns nicht in anderen Situationen als Anführer anerkennt!
Besonders Abbruchsignale sind in diesem Zusammenhang hervorzuheben. Das sind Verhaltensweisen, die immer dann kurz eingesetzt werden, wenn ein Hund oder Wolf möchte, dass ein anderer mit etwas aufhört, was er gerade tut. Zu den Abbruchsignalen gehören Fixieren, Naserümpfen, Knurren, Scheinattacken, den Kopf vorstoßen oder auflegen bis hin zum Anrempeln oder Pfoteauflegen. Diese Abbruchsignale werden sowohl bei Wölfen wie auch Hunden gezeigt und befolgt – und zwar unabhängig von der Stellung in der Rangordnung!

Hunde sind nicht nachtragend!

Aus Studien über die situative Dominanz und Abbruchsignale gibt es eine weitere wichtige Erkenntnis für Hundehalter: Hunde und Wölfe, die ein Verhalten des anderen abgebrochen haben, sind hinterher keineswegs beleidigt oder sauer. In den meisten Fällen lässt sich sogar ein Weiterspielen nahezu ohne Unterbrechung beobachten, oder man rückt wieder genauso nah zusammen wie vorher. Auch Verhalten, das auf Stress hinweist, ist nach einer solchen

SEIEN SIE NICHT NACHTRAGEND

Wenn Sie ein Verhalten Ihres Hundes unterbinden müssen, dann nehmen Sie sich diesen wichtigen Tipp unbedingt zu Herzen: Ignorieren Sie Ihren Hund nicht danach oder tragen Sie ihm nicht etwas nach, sondern zeigen Sie ihm hinterher ein kurzes Lächeln oder versöhnen Sie sich mit ihm durch ein freundliches Wort oder eine kurze Berührung.

Stoppaktion kaum zu beobachten. Sie brauchen also keine Angst zu haben, das Vertrauen des Hundes aufs Spiel zu setzen, wenn Sie Abbruchsignale anwenden – solange diese der Situation angemessen und klar kommuniziert sind!
Umso unverständlicher ist der immer noch häufig gegebene Tipp, den Hund nach einem »Fehlverhalten« tagelang zu ignorieren. Ein soziales Tier wie ein Hund kann ein solches Verhalten in keiner Weise nachvollziehen, die Verknüpfung zum eigentlichen Zankapfel kann der Hund schon längst nicht mehr herstellen. Nehmen Sie sich doch einmal die Zeit, genau hinzuschauen, wenn es wieder zu einer Pöbelei unter den halbstarken Rowdys gekommen ist, einer die Schnauze voll hat und es laut wird. Sie werden feststellen, dass in der Regel derjenige, der den Streit vom Zaun gebrochen hat, innerhalb von wenigen Minuten zum anderen geht und positive Gesten, wie etwa ein freundliches Schwanzwedeln oder auch ein (angedeutetes)

>> Verhalten wird im Spiel geübt: kein Häuptling ohne Indianer.

>> Bei Hunden, die sich gut kennen, können sich Dominanzbeziehungen entwickeln.

>> Freiwillige Unterwerfung hat oft die Absicht, das Gegenüber zu beschwichtigen.

Lefzenlecken, zeigen wird. Danach gehen beide anstandslos ihrer Wege oder machen da weiter, wo sie vor der Auseinandersetzung stehen geblieben waren. Der Streit ist beigelegt.

Die Langzeitdominanz

Dominanzbeziehungen, vor allem die Beziehungen der formalen Langzeitdominanz, sind nur nach einer längeren Entwicklung zu beobachten. Wird ein neuer Hund oder ein neuer Wolf in eine Gruppe eingebracht oder verliert die Gruppe eines ihrer ranghöheren Mitglieder, so dauert es Monate, bis sich die formale Dominanz wieder eingespielt hat. In den ersten Wochen und Monaten werden Konflikte und Auseinandersetzungen dann überwiegend oder ausschließlich mit den Methoden der situativen Kurzzeitdominanz geregelt. Dies bedeutet nicht, dass die Gruppe dann instabil wäre, es bedeutet lediglich, dass die Tiere noch nicht so genau wissen, wie sie sich aufeinander einstellen können.
Auch der Canis pubertus, der ja in der Pubertät alles noch einmal hinterfragt, der ständig seine Position in der Gruppe und Familie sucht und der manchmal etwas »aufmüpfig« erscheinen mag, sendet in dieser Zeit verstärkt Anfragen von unten nach oben, die tatsächlich nichts mit Aufmüpfigkeit oder gar Dominanz zu tun haben, sondern die nichts anderes zeigen als eine Verunsicherung des jungen Hundes über die zukünftig geltenden Strukturen.
Stabile Langzeitdominanzbeziehungen gibt es also nur zwischen Hunden, die sich länger kennen, und deshalb kaum bei zwei Youngstern, die sich auf der Hundewiese begegnen, weil es eben dauert, bis sich solche Beziehungen stabilisiert

haben. Denken Sie sich also einfach Ihren Teil, wenn Ihnen »besorgte Hundehalter« auf der Hundewiese klarmachen wollen, dass Sie es hier mit einem besonders dominanten Exemplar unter den Hunden zu tun haben.

Ohne Fleiß kein Preis

Ganz wichtig ist auch das Wissen, dass eine Dominanzbeziehung den Rangtieferen sehr viel kostet. Er oder sie verzichtet freiwillig auf eine Reihe von angenehmen Privilegien, beziehungsweise gesteht diese kampf- und aggressionslos dem anderen zu. Dafür muss er natürlich eine Gegenleistung erhalten, sonst würde er das nicht tun. Diese Gegenleistung ist im Rudel der Schutz der Gruppe. In der Mensch-Hund-Beziehung ist es daher Aufgabe des Menschen, dem Hund zu zeigen, dass es für den Hund Vorteile bringt, diese Dominanzbeziehung anzuerkennen. Chefsein bedeutet also zunächst Verpflichtungen. Man muss sich für seine Mitarbeiter einsetzen und sich um sie kümmern.

Langzeitführung ist anstrengend

Hier kommen wir zum zweiten elementaren Missverständnis der hundlichen und hundmenschlichen Dominanzbeziehung. Dominanz, besonders bei Hundeartigen, bedeutet nicht nur, den Führungsanspruch durchzusetzen, sondern bedarf immer auch einer glaubhaften Führungskompetenz, wie wir ja bereits an anderer Stelle des Buches betont haben. Der Dominante muss seine Aufgaben wahrnehmen! Dazu gehören Gefahrenerkennung, Gefahrenvermeidung, die Fähigkeit, den Alltag zu strukturieren, und die Fähigkeit, viele andere lebens- und überlebenswichtige Regelungen für die Gruppe und

die Rangtieferen zu übernehmen. Es geht nicht darum, den Hund zu unterdrücken, es geht darum, ihm durch eine klare, souveräne Vorbildfunktion zu zeigen, dass man weiß, was man tut und warum man das tut. Die Langzeitanführerschaft als Beziehung ist also durch Führungskompetenz gekennzeichnet, und der Anführende muss sie sich durch entsprechendes Verhalten erarbeiten und durch Vertrauen fördern. Kurzzeitige situative Anführerschaft dagegen ist eine Rolle. Diese kann auch von einem Hund oder einem anderen rangtieferen Mitglied der Gruppe ausgeübt werden, wenn er etwa bestimmte Dinge besonders gut kann. Kaum jemand würde vom Rettungshundeführer erwarten, dass er selbst vor dem Rettungshund ins Trümmerfeld steigt, nur weil er dominant sein will. Selbstverständlich übernimmt in dieser Situation der Hund kraft seiner besseren Nase und Geländegängigkeit auf vier Beinen die Anführerschaft. Trotzdem hat er nicht die Anführerbeziehung, sondern nur die Rolle des situativen Anführers übernommen.

Der Rangniedere lebt stressfreier

Wiederum aufgrund einer falschen Übertragung der Situation bei unseren Verwandten, den Affen, wird vielfach vermutet, dass ein rangtiefes Tier automatisch mehr Stress und mehr Belastung in der Gruppe erleben würde. Aber auch hier sind die Ergebnisse bei Wölfen, Afrikanischen Wildhunden und auch ansatzweise bei anderen Hundeartigen ganz anders als in unserer näheren Verwandtschaft. Zumindest elf Monate im Jahr zeigen die ranghohen Wölfe und Wildhunde in einem Rudel deutlich höhere Stresshormonwerte, besonders beim Kortisol.

Nur um den Zeitpunkt der Paarung herum steigt auch bei den Rangtieferen der Stress. Das bedeutet wiederum, dass ein Hund kaum freiwillig das Bestreben haben dürfte, sich in eine stressbehaftete ranghohe Position zu begeben, wenn er genauso gut ein stressfreies, geruhsames und sorgloses Leben führen kann. Tatsächlich sind viele Hunde gestresst und werden zu Kontrollettis (siehe Seite 76), weil ihre Halter keine souveränen Führungspersönlichkeiten sind und der Hund ihnen nicht zutraut, den Alltag für beide vernünftig zu regeln. In dem Falle muss der Hund – aus seiner Sicht – als Copilot einspringen und die Regelung verschiedener Probleme in die eigenen Pfoten nehmen. So zum Beispiel, wenn Sie als Pilot beim Spaziergang abgelenkt sind, weil Sie sich angeregt unterhalten, und Copilot Hund nun die Gefahrenabwehr des sich nähernden Artgenossen als seinen Job ansieht. Nur wenn Sie solche Situationen regeln und den Artgenossen abwehren, können Sie von Ihrem Hund verlangen, dass er das nicht selber tut.

Beobachtungen an Mensch-Hund-Teams zeigen: Wenn kompetente Trainer diese Zusammenhänge klargemacht haben und der Mensch nach einem entsprechenden Training die Führungsaufgabe wahrnimmt, gehen stressbedingte Verhaltensweisen beim Hund deutlich zurück.

Wer vergibt, ist souverän

Was ist also das Fazit für den Hundehalter, vor allem den Halter eines pubertierenden Jungspundes? Zunächst einmal, dass man sehr vorsichtig sein sollte, wenn einem jemand einreden möchte, der eigene Flegel sei dominant.

DIE FORMEN DER DOMINANZ IM ÜBERBLICK

Situative Dominanz = »Kurzzeitdominanz«

- dient lediglich dem kurzzeitigen Durchsetzen der eigenen Interessen, wie der Vergrößerung der Individualdistanz, Zugang zum Futter …
- wird in der Rangordnung auch von unten nach oben gezeigt
- Erkennt man beispielsweise an:
  → Nase kräuseln
  → Scheinattacken
  → Pfoten auflegen
  → Schnauzbiss
  → Kopf auflegen

Formale Dominanz = stabile Langzeitdominanz = »Anführerschaft«

- besteht nur zwischen Tieren, die sich schon seit längerer Zeit kennen
- ermöglicht stets die Durchsetzung der eigenen Interessen, und zwar ohne den Einsatz von Gewalt
- wird in der Rangordnung von unten nach oben stabilisiert und anerkannt
- Körperhaltung »groß machen«
- erkennt man beispielsweise an:
  → durchgestreckten Gelenken
  → erhobenem Kopf
  → Rute wird steil nach oben getragen

Schauen Sie den Hund genau an: Die wenigen, die wirklich eine formale Langzeitdominanz gegenüber dem Menschen ausstrahlen möchten, lassen sich durch eine entsprechend aufrechte bis provokante Körperhaltung erkennen. Die meisten dagegen werden mit vielen Varianten der situativen Dominanzgesten zeigen, dass sie nur gerade keine Lust haben, sich mit dem nackten Bauch in den Schneematsch zu werfen, nur weil irgendjemand auf Distanz »Platz« brüllt. Ein gewisses Konfliktmanagement, zunächst durch Abbruchsignale und Verhaltensweisen, die dem Hund einen situativen Dominanzanspruch des Menschen mitteilen, ist für ein Mensch-Hund-Team keineswegs störend (Praktisches dazu ab Seite 129). Will Ihr Jungspund also die Führung übernehmen, weil er an der Leine einen Artgenossen erblickt, so ist es durchaus das Recht des Halters, ihm dies zu untersagen und den geplanten Weg weiterzugehen. Jedoch muss, auch das zeigen die Beobachtungen an Hunden und Wölfen, danach ein Versöhnungssignal gesendet werden, durch das der Rangtiefere erfährt, dass er trotzdem ein sehr willkommenes Mitglied dieser Gruppe ist. Besonders problematisch ist es, wenn man mit falschen und zu gewaltbereiten oder rigorosen Dominanzkonzepten in der Pubertät eines Hundes agiert. Wer in dieser Zeit mit körperlich gewaltsamen Methoden den Hund zu disziplinieren versucht, zeigt genau das Gegenteil: Die Dominanzbeziehung ist nicht gefestigt und wird nicht freiwillig anerkannt, man muss Gewalt anwenden. Gerade pubertierende Hunde, besonders von bestimmten Rassen wie Terriern, ziehen daraus sehr schnell die Schlussfolgerung, dass sie selbst die Verbesserung ihrer Position

> Versöhnungsgesten dienen meist der Stabilisierung in sozialen Systemen und fördern das verträgliche Miteinander zwischen den Hunden.

in die Pfote nehmen müssen oder dass ihr Verbleiben in der Gruppe nicht mehr erwünscht ist. Sie reagieren darauf entweder mit Aufsässigkeit oder ziehen sich komplett zurück.
Wenn Sie also Ihrem Hund ganz klar einen Rahmen stecken, innerhalb dessen er sich frei bewegen kann, dabei immer berechenbar und unmissverständlich bleiben, können Sie getrost Ihre Interessen gegenüber Ihrem Hund durchsetzen, ohne dass dieser abwandern möchte. Andersherum können Sie aber auch gelegentlich alle fünfe gerade sein lassen, ohne dass dieser die Weltherrschaft übernehmen möchte.

LERNEN FÜRS ALLTÄGLICHE LEBEN

Hunde sind einzigartig in ihrer Bereitwilligkeit zur Anpassung an uns Menschen. Damit das Zusammenleben reibungslos klappt, müssen sie aber viel lernen.

RUND UMS LERNEN

Wenn Sie wissen, wie Ihr Hund lernt und was genau dabei in seinem Gehirn passiert, können Sie zielgerichteter und erfolgreicher mit ihm üben.

DIE SCHULE DES LEBENS – LERNVERHALTEN VON HUNDEN

Hunde lernen ihr ganzes Leben lang. Dabei ist es wichtig zu wissen, dass es im Laufe eines Hundelebens unterschiedliche Phasen der Lernintensität gibt. Für einen Welpen ist noch alles neu, jeder Umweltreiz, egal ob belebt oder unbelebt, jeder Geruch, jeder Mensch – alles wird von ihm entsprechend seiner rassetypischen Erbanlagen aufgenommen, bewertet und verarbeitet. Eine Anpassung an neue, ungewohnte Umweltbedingungen ist für einen Welpen überlebensnotwendig. Beim Hundesenior geschieht die Informationsverarbeitung natürlich langsamer. Neues wird dann oft abgelehnt, und ein Senior hat meist nichts lieber, als gemeinsam mit seinem Menschen in Ruhe sein Leben zu genießen – sich der Tagesroutine hingebend und in gewohnter Umgebung. In der Phase der Pubertät und der sich daran anschließenden Adoleszenz ist alles anders: Gewohntes wird infrage gestellt, gelerntes Verhalten wieder vergessen, und Grenzen werden neu ausgetestet. Es ist ähnlich wie bei Jugendlichen, die mit sich und ihrer Umwelt hadern und einfach alles nervig und ätzend finden.

Was ist Lernen?

Bevor wir uns näher mit dem Lernverhalten des pubertierenden Junghundes befassen, eine grundsätzliche Information, was Lernen überhaupt ist und wie Lernen funktioniert. Wir möchten uns an dieser Stelle keiner exakten wissenschaftlichen Definition des Begriffes Lernen bedienen. Davon gibt es unzählige, jeweils geprägt durch die dahinterstehende Philosophie. Unsere Definition leiten wir aus der jahrelangen eigenen Erfahrung mit unseren verschiedenen Hunden und uns selbst ab. Lernen ist ein kontinuierlicher Prozess. Lernen findet immer statt. Lernen bezeichnet die individuelle Umsetzung von Erlebnissen und Erfahrungen. Dies kann bewusst oder unbewusst geschehen, aktiv, aber auch passiv. Lernen findet meist in einem entspannten Umfeld statt. Aber auch in Stresssituationen kann Lernen stattfinden, zum Beispiel in Form von Meideverhalten, das dann in einer gleichen oder zumindest ähnlichen Situation wieder gezeigt wird. Durch den Lernprozess tritt eine Verhaltensänderung ein, in der sich die eigene Befindlichkeit verbessert, zumindest aber nicht verschlechtert.

Lernen und Gehirn

Lernen findet im Gehirn statt. Dort werden alle Informationen gespeichert und verarbeitet. Speicherort ist hauptsächlich die Hirnrinde, der sogenannte Cortex. Eine Schlüsselrolle übernehmen dabei die Verbindungen der Nervenzellen (Neuronen). Etwa fünf Milliarden Neuronen hat so ein Hundegehirn. Menschen haben übrigens rund 100 Milliarden dieser nur rund 40 Tausendstel Millimeter großen Zellen in ihrem Gehirn. Ein Bernhardiner, der ein ähnliches Gewicht wie ein Mensch hat, verfügt nur über etwa 15 Prozent der Hirnmasse des Menschen. Das Lernvermögen eines Hundes ist aber nicht von der Masse seines Gehirns abhängig. So hat eine Dogge zwar ein größeres Gehirnvolumen als ein Chihuahua. Die Fähigkeit zu lernen, ist aber bei beiden gleich gut ausgeprägt. Gleiches gilt auch für die in so zahlreichen Kombinationen vorkommenden Mischlingshunde.

Die Verbindungsstellen, Synapsen genannt, produzieren bei der Wahrnehmung eines Umweltreizes, etwa eines Geräuschs, eines Geruchs oder dem Auftauchen eines anderen Hundes, chemische Botenstoffe, Neurotransmitter genannt. Dadurch werden benachbarte Nervenzellen stimuliert und aktiviert. Je häufiger dies geschieht, umso stabiler wird die Verbindung der Nervenzellen untereinander.

Bis zum Beginn der Pubertät sind unzählige dieser Verbindungen entstanden und neu geknüpft

> Handzeichen lassen sich gut mit Handlungen verknüpfen.

worden. Je mehr unterschiedliche Umweltreize ein Welpe in seinem kurzen Erdendasein aufgenommen und verarbeitet hat, desto größer ist die Zahl der Verbindungstellen in seinem Gehirn. Durch den Umbau des Gehirns in der Pubertät scheinen die jungen Fellnasen alles zu vergessen oder ignorieren vieles bisher Gelernte. Sie müssen manches tatsächlich neu lernen und erfahren.

Kooperation belohnen

Für den Umgang mit jungen, gerade auch pubertierenden Hunden bedeutet dieser Ansatz, dass der nachhaltige Lernerfolg sich nicht nur in entspannten Situationen festigt, sondern auch in für den Hund stressenden Situationen. An dieser Stelle sei darauf hingewiesen, dass die Fähigkeit, gerade des pubertierenden Junghundes, auch einmal Frust auszuhalten, also eine bestimmte Ressource nicht zu bekommen oder auch einmal längere Zeit auf seinem Platz zu liegen, immer wieder geübt werden sollte. Dies gelingt natürlich umso leichter, je ausgeglichener das Energieniveau des Hundes ist. Jeder Hund, gerade aber der pubertierende Junghund, sollte für seine Bereitschaft, mit dem Menschen zu kooperieren, belohnt werden. Wie das – je nach Persönlichkeit des Hundes – am sinnvollsten geht, dazu mehr ab Seite 108.

Lernen nur durch Belohnung?

Wie lernt nun aber ein Hund? Was genau muss geschehen, was müssen wir tun, damit ein Hund ein von uns gewünschtes Verhalten zeigt oder aber ein unerwünschtes Verhalten nicht mehr zeigt? Das Stichwort dazu heißt Konditionierung. Wir unterscheiden dabei die klassische und die operante Konditionierung.

Das bekannteste Beispiel für eine **klassische Konditionierung** ist sicher der »Pawlowsche Reflex«. Bei diesem Experiment des russischen Physiologen Iwan Pawlow wurde einem Hund zeitgleich mit dem angebotenen Futter (Auslöser von Speichelfluss) der Ton einer Glocke vorgespielt. Nach einigen Wiederholungen dieses Vorgangs reichte nur das Ertönen des Glockentons, um beim Hund das Speicheln auszulösen. Dieses Tier wurde also auf den Glockenton klassisch konditioniert. In der Praxis führt die klassische Konditionierung bei unseren Hunden leider oftmals zu sogenannten Fehlverknüpfungen, die wir auf Seite 105 genauer erläutern. Einen größeren Lernerfolg verspricht deshalb die sogenannte **operante Konditionierung**. Dabei wird ein Verhalten dann häufiger gezeigt, wenn es durch einen Verstärker positiv belohnt wird, oder seltener gezeigt, wenn ihm negative Konsequenzen folgen. Am leichtesten und sicher auch am nachhaltigsten lernen unsere Hunde durch positive Verstärkung. Dabei möchten wir betonen, dass als Verstärker nicht nur Leckerchen, also Futter, zum Einsatz kommen sollten. Abwechslung und Unvorhersehbarkeit der Belohnung ist Trumpf, erhöht die Spannung und die freudige Erwartungshaltung beim Hund. Eine dauerhafte einseitige Futtergabe lässt den Hund abstumpfen, und der Mensch mutiert zum Futterspender.

Nie mit Schmerzen!

Selbstverständlich ist jegliche Form der Zufügung von Schmerz im Umgang mit Hunden tabu. Es gibt keinen Grund, einem Hund generell, und auch nicht zum Zweck des Erlernens eines bestimmten Verhaltens, physische

> Ein entspannter Hund lernt schnell und dauer-
haft, Stress dagegen blockiert.

oder psychische Schmerzen zuzufügen. Das
gilt sowohl für den alltäglichen Umgang mit
Hunden als auch für den Hundesport oder den
Einsatz von Arbeitshunden etwa bei der Jagd.

Wer Ja sagt, muss auch Nein sagen können

Im Umkehrschluss bedeutet dies allerdings
nicht, dass wir empfehlen, jeden Hund ausschließlich über positive Verstärkung zu
erziehen. Dazu gehört auch, unseres Erachtens
nach, das wenig artgerechte Ignorieren jeglichen
Fehlverhaltens und ausschließliche Belohnen
erwünschter Verhaltensweisen. Gerade das
Ignorieren von selbstbelohnendem Verhalten
führt in der Regel genau zum Gegenteil dessen,
was man eigentlich erreichen will.
So wird ein Hund, der zum »Lustbeller«
geworden ist, dieses Verhalten aus sich selbst
heraus niemals abstellen, sondern – weil es ihm

Spaß macht – immer wieder zeigen, wenn er
nur ignoriert, statt korrigiert wird. Besser ist
es in diesem Fall, wenn Sie Ihrem Hund ein
alternatives Verhalten beibringen, wenn er also
lernt, beim Klingeln an der Tür auf seinen Platz
zu gehen und dort ruhig zu warten, oder wenn
er lernt, Ihnen stattdessen zum Beispiel seinen
Blickkontakt zu schenken – wofür er dann
natürlich entsprechend belohnt wird.
Es gibt aber sicherlich auch Situationen oder
Hunde, bei denen Sie mit Abbruchsignalen
(siehe Kapitel »Warum Abbruchsignale kein
Teufelszeug sind« ab Seite 110) arbeiten müssen.
Auch dann gilt es, den Jungspund sofort zu
bestätigen und zu loben, wenn er sein Verhalten beendet und stattdessen das von Ihnen
gewünschte Verhalten zeigt.

Individualität ist Trumpf

Für das Lernen gibt es keinen Königsweg für
alle. Jeder Hund ist ein Individuum mit Stärken,
Schwächen, Charaktereigenschaften, Vorlieben
und Abneigungen. Genauso wie der Mensch,
der das Tier führt. Ebenso spielen die rassetypischen Eigenschaften eines Hundes eine große
Rolle. Manch einer ist sehr leicht beeindruckbar
oder lässt für eine Belohnung des richtigen
Verhaltens alles stehen und liegen, andere sind
extrem stoisch und gerade in solchen Situationen nur schwer zu erreichen. Die Unterschiede
können auch innerhalb einer Rasse, ja sogar
innerhalb desselben Wurfs, erheblich sein. Hier
hilft eine genaue Beobachtung des gezeigten
Verhaltens weiter, die einem auch Aufschluss
darüber geben wird, ob das entsprechende
Verhalten für den Hund eventuell eine selbst-
belohnende Komponente beinhaltet.

Lernen durch Prägung und Nachahmung

Übrigens gibt es Lernverhalten nicht nur in Form von Konditionierungen. Denn ein Hund ist ein soziales Wesen und keine Reiz-Reaktions-Maschine. Erwähnenswert ist beim Hund auch noch das prägungsartige Lernen, das wir bereits im Kapitel über die Welpenentwicklung beschrieben haben, sowie das sogenannte Nachahmungs- oder soziale Lernen. Das findet zum Beispiel dann statt, wenn ein Hund beobachtet, wie ein Mensch eine Tür öffnet, und das dann nachmacht. Oder wenn der Hund, der neu in eine »alteingesessene« Gruppe kommt, sofort übernimmt, dass ein Postbote verbellt werden muss, weil es ja die anderen auch tun. Warum Hunde allerdings nur »Negatives« – zumindest aus Menschensicht – voneinander abschauen, bleibt weiterhin ein ungeklärtes Rätsel ...

ALTERNATIVEN ZUM LECKERCHEN

Als positive Verstärker können ganz unterschiedliche Dinge zum Einsatz kommen. Ein freundliches »Hey, gut gemacht«, ein kurzes bestätigendes Streicheln oder einfach ein Lächeln. Oder auch das, was für den Teenie gerade die größte Ablenkung darstellt: Überlassen Sie Ihrem Hund für eine kurze Zeit sein Lieblingsspielzeug, toben Sie ein wenig mit ihm herum, oder leinen Sie ihn ab, damit er schnüffeln oder spielen kann. Lassen Sie Ihrer Fantasie freien Lauf. Routinemäßiges Geben von Leckerchen stumpft viele Hunde ab.

> Im Schlaf kann zuvor Gelerntes effektiv gespeichert werden.

TIMING – DER RICHTIGE UMGANG MIT BESTÄTIGUNG

Lassen Sie sich gern belohnen? Werden Sie gern gelobt? Die meisten Menschen werden auf diese Fragen aus voller Überzeugung mit Ja antworten. Und wie steht es mit unseren jungen Hunden, diesen wunderbaren Wesen? Ja, auch die Jungspunde lassen sich gern loben, und das am liebsten rund um die Uhr. Die meisten Menschen loben gern und viel, denn im Loben der jungen Racker sind Menschen wirklich wahre Meister. Allerdings sind viele Hundebesitzer im positiven Bestärken und Belohnen ihres Vierbeiners wenig kreativ. Routinemäßig werden viele Hunde ausschließlich über die Gabe von Futterbrocken belohnt. Ändern Sie das und nutzen Sie die Tipps auf Seite 102. Denn als

vorteilhaft hat sich erwiesen, Belobigungen zu variieren. Das hält die Neugier des Hundes wach und erhöht seine Spannung.

Die Bestätigung des Hundes mithilfe von Futter kann ein passendes Mittel sein, dem Hund zu zeigen, dass sein Verhalten richtig und erwünscht ist. Sie benötigt aber ein exaktes Timing, um vom Hund wirklich mit der von ihm gezeigten Handlung verknüpft zu werden. Unsere Erfahrung zeigt, dass der Hund eine Bestätigung, die länger als etwa zwei Sekunden nach dem gezeigten Verhalten erfolgt, nicht mehr mit der vom Menschen gelobten Handlung verknüpft. Deshalb ist ein punktgenaues Timing so wichtig. Dies gilt natürlich analog für

❯ Nicht alle Hunde mögen Nähe. Achten Sie beim Loben darauf.

alle Formen der Bestätigung, egal ob der Hund mittels Futtergabe, Worten oder Berührungen, mit einem Spiel oder Freilauf bestätigt wird.

Vorsicht Fehlverknüpfung: Bei Flugzeuglärm gibt es Leckerchen

Bei der Konditionierung mit Futter oder durch verbales Lob oder Ähnliches verknüpft der Hund seine Endhandlung mit der erfolgten Belohnung. Der Hund steht vor Ihnen, Sie geben das Kommando »Sitz«, Ihr Hund bewegt sein Hinterteil nach unten, und sobald es den Boden berührt, erfolgt das Lob. Was nun, wenn gerade in dem Moment, wenn Ihr Hund den Futterbrocken im Maul verschwinden lässt oder er mit einem freundlichen Wort gelobt wird, ein Flugzeug über ihn hinwegfliegt? Er nimmt das Geräusch wahr, und es besteht die Möglichkeit, dass er das Geräusch mit der Leckerchengabe oder der verbalen Bestätigung verknüpft. Ähnliches kann passieren, wenn er als Endhandlung eine just vorbeifliegende Mücke oder das gerade in diesem Moment einsetzende Gebell eines anderen Hundes mit der Futtergabe verknüpft. Es erfordert also von Ihnen als Hundebesitzer ein gutes Auge und ein exaktes Timing, um Fehlverknüpfungen zu vermeiden.

Oder eine weitere Falle, in die gerne hineingetappt wird, die sogenannte konditionierte Handlungskette: Während Sie gemütlich auf der Terrasse frühstücken, rennt Ihr Hund gerade bellend Richtung Gartenzaun, weil er den Postboten erspäht hat. Sie rufen ihn ab, er kommt tatsächlich, und weil Sie sich so sehr darüber freuen, bekommt er etwas von Ihrem Frühstück ab. Nicht selten durchschaut das der Hund und wird sofort wieder bellend durch-

> Lob und Bestätigung sind Grundpfeiler im Umgang mit jungen Hunden.

starten, diesmal aber Ihnen dabei einen Blick zuwerfen, in freudiger Erwartung des nächsten Teils vom Frühstück. Er wird also das eigentlich unerwünschte Verhalten wiederholen, weil er gelernt hat, dass es sich lohnt, weil es dafür ja schließlich Frühstück gibt. Wieder haben Sie beziehungsweise Ihr Hund eine klassische Fehlverknüpfung hergestellt. Sie sehen also, die Gefahr für Fehlverküpfungen im Alltag ist groß. Wir Menschen können nur versuchen, so wenig wie möglich falsch zu machen.

Unterschatzen Sie also Ihren Hund nicht, und passen Sie genau auf, wann Sie welche Belohnung einsetzen. In diesem Fall wäre sicherlich eine Verhinderung des An-den-Zaun-Rennens angebrachter gewesen oder aber die Belohnung eines Alternativverhaltens, also dass der Hund Sie anstatt des Postboten anschaut oder wiederum auf seine Decke geht.

Fehlanzeige: Kooperation aus Dankbarkeit?

Halter von jungen, pubertierenden Hunden erwarten zu Recht ein sozial angemessenes Verhalten von ihrem Haustier. Sie möchten, dass ihre Hunde auf sie hören, im besten Fall sogar mit ihnen kooperieren. Nun arbeiten die Fellnasen aber nicht aus Dankbarkeit mit uns zusammen, auch wenn wir Hundehalter uns das noch so sehr wünschen. Hunde zeigen ein Verhalten, das für sie positive Konsequenzen hat, häufiger als Verhaltensweisen, die ihnen keine Vorteile bringen. Operante Konditionierung ist, wie bereits erwähnt, der Fachbegriff dafür. Wenn ein Hund für gewünschtes Verhalten bestätigt wird oder dafür, dass er eine unerwünschte Handlung unterlässt, dann wirkt die Belohnung oder Bestätigung als Verstärker und kann die Motivation erhöhen, zukünftig das erwartete Verhalten häufiger zu zeigen.

In dem Verb belohnen steckt das Wort Lohn. Der junge Hund bekommt also eine Art Lohn dafür, dass er sich in unseren Augen richtig verhält. Dieser Lohn wird, wie beschrieben, in der Regel von den meisten Hundehaltern in Form eines Stückchens Futter gegeben.

Wie die meisten Hunde, so reagieren auch junge Hunde in der Pubertät meist positiv auf eine Futterbelohnung. Allerdings gibt es auch einige, die sich nicht durch Futter motivieren lassen. Unsere türkische Hündin Günes gehört zu diesen Exemplaren. Ihr ist die Gabe von Futter als Belohnung ziemlich egal, sie spuckt uns sogar Wienerle mit einem angewiderten Gesichtsausdruck vor die Füße. Für Zuwendung hingegen – da reicht in vielen Fällen schon ein sanftes Auflegen der Hand auf ihren Nacken – tut sie gern, was wir von ihr wollen.

Auch die Rasse spielt eine Rolle

Vor allem Rassegruppen, die schon sehr lange sehr eng mit dem Menschen zusammenarbeiten, wie etwa Hütehunde oder Retriever, sind wahre Meister in der Kooperation. Anders schaut es bei Rassen aus, die auf selbstständiges Arbeiten selektiert wurden, wie zum Beispiel ein Meutehund oder ein Herdenschutzhund. Vor allem für die erstgenannten Rassegruppen reicht als Bestärkung mitunter bereits die reine Freude des Menschen über das gezeigte Verhalten, andere benötigen mehr Motivation. Genau hier ist die Kreativität des Menschen gefragt, um dem Hund immer wieder unerwartete Belohnungen zukommen zu lassen, auf die er sich nicht einstellen kann und die seine Spannung erhöhen. Aber leider erfolgt die Bestätigung fast immer ausschließlich über Leckerchen, und das meistens nach dem gleichen Schema: Es wird ein Kommando ausgesprochen, der Hund führt es

> Soziale Unterstützung wirkt nachhaltiger und bindet stärker als Leckerchen.

> Punktgenaues Loben stärkt das Selbstbewusstsein der Jungspunde.

aus, und schwups landet das Stückchen Wurst oder Käse im Maul des Hundes. »Prima«, so denken die meisten Hundehalter, mein Hund arbeitet gerne mit mir zusammen.

Sorry, wir müssen Sie enttäuschen: Tut er nicht! Er zeigt lediglich das mit dem Kommando verknüpfte, konditionierte, besser noch dressierte Verhalten, um sein Leckerchen zu erhalten. Das bedeutet, aus Sicht des Hundes geht es weniger um das von ihm erwartete Verhalten, sondern einzig und allein um die Futtergabe.

Einen noch größeren Fehler machen Sie, wenn Sie mit dem begehrten Leckerchen vor der Nase Ihres Hundes herumwedeln und er Sie dann so perfekt erzieht, dass er die gewünschte Leistung nur noch bringt, wenn er dafür unmittelbar den vorher angekündigten Lohn erhält. So erziehen Sie Ihren vierbeinigen Youngster im schlechtesten Fall auch noch zu einem Futterbettler.

Belohnen oder maßregeln?

Eine oft gestellte Frage bei dem Thema Bestätigung lautet: Darf oder soll ich meinen Hund belohnen oder besser bestrafen, wenn er von einem, sagen wir einmal, zweistündigen »Jagdausflug« zurückkehrt? Wir plädieren in diesem Fall dafür, die Rückkehr emotionslos zur Kenntnis zu nehmen und gemeinsam mit dem Hund weiterzugehen. Warum wir keine Bestätigung durch Futter, verbales Lob oder Streicheln empfehlen? Weil wir nicht wissen, mit welcher Handlung der Hund dieses Lob verknüpft. Denn nur wenn er das Lob mit der Endhandlung Rückkehr verknüpft oder gar auf Ihren Rückruf kehrtmacht, ist das Bestätigen sinnvoll. Wenn Sie ihn wirklich von einem Hasen oder einer frischen Fährte abrufen können, müssen Sie natürlich »ein Fass aufmachen«, sich freuen wie Bolle und ihm auch eine Belohnung geben!

> Spielen in entspanntem Umfeld ist für junge Hunde auch selbstbelohnend.

Ein Hund ist kein Materialist

Immer wieder lässt sich beobachten, wie junge Hunde sich gegenseitig zum gemeinsamen Spielen auffordern und animieren. Schauen Sie einmal genau hin, es lohnt sich: Die tobenden Junghunde locken sich gegenseitig weder mit einem Futterbrocken, werfen auch keine Bälle oder Stöckchen. Sie verdeutlichen ihre Absicht immer körpersprachlich, etwa durch die bekannte Vorderkörpertiefstellung oder durch Hin- und Herspringen, manchmal auch durch aufforderndes Bellen. Die Belohnung für die Ausführung dieses »Kommandos« ist dann das Spiel. Es kommt also zu keinem Tauschgeschäft Ware gegen Wohlverhalten. Leider projizieren Menschen viel zu oft eigene Wünsche und Vorstellungen auf ihre Hunde: Leistung gibt es nur bei einer entsprechenden Gegenleistung. Lassen Sie uns diesen Umstand an einem Beispiel er-

läutern: Jemand ist zum Geburtstag eingeladen und macht dem Geburtstagskind ein Geschenk im Wert von 25 Euro. Nun kommt natürlich die Gegeneinladung, das gehört sich ja so. Als mitgebrachtes Geschenk darf sich der Einladende über ein Taschenbuch im Wert von 8,90 Euro freuen. Tut er aber nicht, schließlich hat er ja viel tiefer in die Tasche gegriffen.
Die Wertschätzung wird also nicht nach dem ideellen Wert eines Geschenks bemessen, denn vielleicht wollte der Gast, dass unbedingt dieses Buch gelesen wird, das ihn selbst so in Bann geschlagen hatte. Nur deshalb ist es überhaupt geschenkt worden. Der Beschenkte aber überschlägt einfach nur den Saldo. Fällt dieser zu seinen Ungunsten aus, ist er enttäuscht.

Würstchen wirken nur begrenzt

Was das alles mit unseren jungen Hunden zu tun hat? Eine ganze Menge, finden wir. Materialistisch, wie Menschen sich häufig verhalten, glauben sie, dass ein Hund als positive Verstärkung seines Verhaltens nur auf etwas Materielles, hier Fressbares, reagiert. Es werden also eigene Erwartungen auf unsere Hunde projiziert. Sicherlich, für die meisten Vierbeiner ist die wichtigste Ressource das Futter. Dies gilt immer für frei lebende Tiere, die sich ihre oft knappe Nahrung selbst erjagen oder darauf angewiesen sind, dass in ihrem Lebensraum ausreichend pflanzliche Nahrung zur Verfügung steht. Für unsere jungen Haushunde gilt das aber nicht. Sie werden von uns regelmäßig mit Futter versorgt. Erjagen brauchen sie ihre Nahrung nicht mehr. Deshalb: Sozial adäquates Verhalten unseren Hunden gegenüber können wir auf so vielfältige Art und Weise zeigen, die uns nicht allein auf einen futterspendenden Dosenöffner reduziert. Ein ausschließlich auf Futter konditionierter junger Hund zeigt keine Orientierung hin zu seinem Menschen. Es ist ausschließlich die Hand des Menschen, die sein Interesse weckt. Und glauben Sie uns, diese Hand ist problemlos austauschbar.

Ein Jungspund wird sich sicher unter starker Ablenkung, nehmen wir als Beispiel mal wieder den plötzlich auftauchenden Hasen, immer gegen das Stück Wienerle in Ihrer Hand entscheiden. Stattdessen wird er dem flüchtenden Meister Lampe hinterherhetzen. Da können Sie mit einem ganzen Bündel Würstchen locken oder auch mit einem halben Schwein hinterherwinken, es wird Ihren Hund in dieser Situation nicht besonders interessieren. Denn die Hatz ist selbstbelohnend. Das Hormon Dopamin, auch bekannt als Selbstbelohnungsdroge, rauscht dabei nur so durch sein junges Gehirn. Und dieses Rauschen ist stark und laut, es überlagert alles andere um ihn herum. Kein Wunder also, dass er den Rückruf nicht hört (er tut es wirklich nicht!). Seien Sie versichert, gegen den Anblick oder den Geruch des flüchtenden Hasen hat ihr Stück Wurst in der Hand keine Chance.

Damit wir nicht missverstanden werden: Wir sind nicht pauschal gegen den Einsatz von Futter im Umgang mit jungen Hunden. Wohldosiert eingesetzt, sind Futterbrocken eine gute Wahl, einem Hund etwas beizubringen, ihn situativ zu belohnen und ihn so zu motivieren, das gezeigte Verhalten zu wiederholen. Aber eine ausschließliche Belohnung über Futter rückt uns als verantwortlichen Hundehalter in den Hintergrund. Und wer von uns möchte bei seinem Hund nicht ganz vorne stehen?

Kreativität beim Loben ist Trumpf

Lassen Sie doch mal Ihrer Fantasie freien Lauf. Wie wäre es denn mit einem Laufspiel nach erfolgreichem Abrufen? Auch ein sanftes Abstreichen des Rückens kann nach gelungenem Unterbrechen eines unerwünschten Verhaltens eine Belohnung sein. Oder ein verbales Lob, ja vielleicht sogar einfach nur ein Lächeln (Hunde können unsere Körpersprache sehr gut lesen!). Diese Arten der Bestätigung haben eine nachhaltigere Wirkung auf den Hund als die ständige stereotype und auf Dauer unspektakuläre, weil für den Hund vorhersehbare Gabe von Futterbrocken, die außerdem auch noch den Nachteil hat, sich abzunutzen.

Die Bestätigung mit Futter kann in der Ausbildung in der Tat ein angemessenes Mittel sein, um dem Hund eine bestimmte Handlung beizubringen und ihm dabei zu helfen zu erkennen, was wir von ihm fordern. Sie sollte aber nicht die ausschließliche Motivation für den Hund sein. Es wäre doch schade, alle anderen Methoden völlig außer Acht zu lassen!

Ganz wichtig ist uns: Beim Loben ist Authentizität Trumpf! Ein Hund merkt ganz genau, ob ein Lob ernst gemeint oder nur so dahingesagt wird, ob das Streicheln von Herzen kommt oder mechanisch, gleichsam routinemäßig geschieht oder das Leckerchen teilnahmslos hingehalten wird. Zeigt der Mensch sich seinem geliebten Vierbeiner gegenüber als Persönlichkeit, präsentiert er sich selbstbewusst, souverän und wird als richtungsgebendes Individuum wahrgenommen, braucht die lobende Hand nicht immer nach Fleischwurst zu duften. Wenn sie erfolgreich sein soll, bedeutet Arbeit mit dem Hund eben auch immer Arbeit an sich selbst.

WARUM ABBRUCHSIGNALE KEIN TEUFELSZEUG SIND

Sie haben es bereits auf Seite 91 gelesen: Für Hunde untereinander sind Abbruchsignale etwas völlig Normales und Unverzichtbares. Wie sollen sie sonst ihrem Gegenüber klarmachen, dass es sein aktuelles Verhalten doch bitte beenden soll? Trotzdem entstehen immer wieder hitzige Diskussionen über Abbruchsignale vom Menschen zum Hund unter den verschiedenen »Fraktionen« der Hundeerzieher. Dem oft gegen die Abbruchsignale vorgebrachten Argument, dass Menschen keine Hunde sind und sie uns deshalb nicht verstehen, stehen die Untersuchungen des bekannten ungarischen Hundeforschers Ádám Miklósi entgegen: Sie

haben gezeigt, dass Hunde sehr gut in der Lage sind, den Menschen so sehr in ihr Sozialsystem einzubinden, dass die gleichen sozialen Mechanismen zwischen Mensch und Hund wie zwischen Hund und Hund gelten können.

Was ist eigentlich ein Abbruchsignal?

Abbruchsignale, im Englischen als »cut off signals« bezeichnet, sollen einen Konflikt in der Regel ohne körperliche Beschädigung beenden oder besser gar nicht erst entstehen lassen. Werden Abbruchsignale vom Gegenüber missachtet, eskalieren Konflikte sehr häufig. Gerade inner-

> Hunde kommunizieren untereinander meist körpersprachlich. Abbruchsignale sind dabei kein Tabu.

halb einer sozialen Gruppe, die auf Kooperation angewiesen ist, ist es enorm wichtig, dass eine unnötige und ungewollte Eskalation vermieden wird! Denn der Zusammenhalt der Gruppe ist für das gemeinsame Agieren unabdingbar. Je geringer der Zeit- und Energieverbrauch, die Verletzungsgefahr und die Gefahr des Abwanderns »beleidigter« Gruppenmitglieder ist, desto besser funktioniert die Zusammenarbeit.

So kommen Verhaltensstudien übereinstimmend zu dem Ergebnis, dass ein fein abgestimmtes Konfliktmanagement für alle in sozialen Gruppen lebenden Hundeartigen überlebensnotwendig ist. Zum Vertrauensaufbau untereinander gehören nämlich neben der Vermittlung von Schutz und Geborgenheit auch das intensive Einüben von ritualisierten Kontrollmechanismen einschließlich eindeutigen Grenzensetzens und Versöhnungsgesten, die untrennbar miteinander verzahnt sind. Abbruchsignale haben also nichts mit Chef-Allüren oder gar Dominanz zu tun! Sie werden auch vom Rangtieferen in Richtung des Ranghöheren gezeigt. Um es mit den Worten des bekannten Zoologen Erik Zimen zu sagen: Jedes Tier hat das Recht zum Protest!

Weit entfernt von Aggression oder Gewalt

Außerdem haben Abbruchsignale überhaupt nichts mit Aggression zu tun, sie sind vielmehr ein Mittel der Kommunikation. Wer seinen Hund ständig gängelt, Ressourcen abgrenzt und niemals fünfe gerade sein lässt, ist weit davon entfernt, ein souveränes Leittier zu sein.

Nur wer das nicht versteht, wirft Abbruchsinale unreflektiert in den »Gewalttopf« – in dem sie definitiv nichts verloren haben. Wer Hunde

ABBRUCHSIGNALE AUF EINEN BLICK

Unterschieden werden zum einen nicht körperbetonte Drohsignale wie:

- Blickfixieren: strenger Blick, manchmal mit Stirn- und Naserunzeln
- Aufreißen des Mauls inklusive Zähnezeigen
- Abwehrschnappen in die Leere
- Körperanheben

und zum anderen körperbetonte Abbruchsignale wie:

- Schnauzgriff
- Bewegungseinschränkung durch Querstellen, die sogenannte T-Stellung
- Kopfauflegen
- Bedrängen und/oder Anspringen, Stoßen, Zwicken
- selten ein Auf-den-Boden-Drücken

unter sich genau beobachtet, sieht, dass Grenzensetzen grundsätzlich sehr viel mit Angemessenheit, mit Verhältnismäßigkeit und Timing zu tun hat. Das wird aber oft vergessen, wenn es um die menschlichen Abbruchsignale geht. Genau da haben uns Hunde sehr viel voraus: Wir müssen nur bereit sein, von ihnen zu lernen, um adäquat mit Abbruchsignalen umgehen zu können. Denn es gibt nun mal Situationen im Leben von Hund und Mensch, in denen man als Sozialpartner Mensch ganz klar in der Lage sein muss, Grenzen zu setzen und ein unerwünschtes Verhalten seines Hundes so zu unterbrechen, dass dieser sich gesellschaftsverträglich verhält. Den Hund, der einem Kleinkind die Brezel aus den Händen klaut, der Jogger jagt oder an jedem Passanten hochspringt, werden auch sehr viele Hundehalter nicht mögen ...

Bedeuten Abbruchsignale Stress?

In den Diskussionen um die Abbruchsignale wird immer wieder argumentiert, dass diese für den Hund Stress bedeuten. Kann eine Verhaltensweise, die bei frei lebenden Artgenossen zum Alltag gehört, wirklich Stress sein? Wenn man die Regeln kennt und sich daran hält, ist die Antwort ein ganz klares Nein!

Zum Stress für den Hund werden diese Verhaltensabbrüche erst dann, wenn der Mensch inkonsequent und launisch agiert, wenn er also,

um beim Beispiel von kaputt gebissenen Schuhen zu bleiben, an einem Tag darüber lacht, weil es das Paar für die Altkleidersammlung war, der Hund aber am nächsten Tag dafür richtig Ärger bekommt, weil es diesmal die neuen Lieblingsschuhe waren. Für den Hund macht das keinen Unterschied ... Oder wenn Sie ihn durchgehend – vor allem in der sehr sensiblen Zeit der Pubertät – gängeln und einschränken und die Abbruchsignale der Situation nicht angemessen sind. Denn Abbruchsignalen liegt immer ein ausgesprochen nuanciertes, interaktives Kommunikationsverhalten zugrunde!

Natürlich ist die Grundstimmung von Canideneltern ihrem Nachwuchs gegenüber vorwiegend

> Hier kam das Abbruchsignal vom Halter wohl ganz eindeutig zu spät.

freundlich und auf Harmonie ausgerichtet, und
freundliche Gesten überwiegen. Aber manchmal
kracht es trotzdem, und dann wird, wenn nötig,
auch ganz bewusst fixiert, gedroht, geschubst
und gerempelt oder der Freiraum eingegrenzt.
Auch wird der oftmals respekt- und grenzenlose
Nachwuchs ganz absichtlich in solche Situationen gebracht, um ihm durch angemessene
Reaktionen der Älteren die Bedeutung von
Abbruchsignalen gezielt beizubringen.

So ist es hier im Hause regelmäßig passiert, dass
die alte Hündin irgendwelche längst verschwunden geglaubten Gegenstände aus dem Garten
ausbuddelte und damit, um den Gegenstand
(ein alter Knochen oder ein Spielzeug, das sie
normalerweise überhaupt nicht interessierte) interessant zu machen, einen regelrechten Schau-
lauf begann, bis sie sicher sein konnte, dass auch
Youngster Meiers Interesse geweckt war. Danach
legte sie das Objekt der Begierde im Abstand
von einem Meter vor sich auf den Boden und
wartete betont desinteressiert ... »Komm du
nur« ... Und wenn Klein Meier darauf hereinfiel,
wurde sein Versuch des Diebstahls zielgenau abgebrochen. Dass der Gegenstand an sich uninte-
ressant war, konnte man auch daran sehen, dass
die alte Dame danach kein Interesse mehr daran
zeigte. Diese »Erziehungsmethode« konnte ich
bei allen Hunden, die bei uns eingezogen sind,
ein paar Mal beobachten – je nach Persönlichkeit und Charakter des Youngsters reichte oft
schon ein einziges Mal, oder es brauchte, wie bei
Herrn Meier, mehrere Lektionen. Danach waren
dann die Verhältnisse geklärt und führten zu
keinen weiteren Konflikten mehr.

Das Geschrei, das dabei entstand, war übrigens
immer sehr groß – ohne dass dem Halbstarken

> Ein rechtzeitiges Abbruchsignal schont
Schuhe und Garderobe.

aber auch nur je ein Haar gekrümmt wurde.
Und ich war immer dankbar für diese »Übungs-
stunden« der alten Hündin, weil mir dadurch
viel Erziehungsarbeit abgenommen wurde.

Für ein besseres Miteinander
Stress durch Verhaltensabbrüche entsteht
natürlich auch dann, wenn der Hund keine
Bewältigungsstrategie erlernt hat. Das heißt,
dass Sie ihn natürlich auch entsprechend loben
müssen, wenn er – Ihrem Wunsch gemäß –
ein Verhalten unterbricht oder stattdessen ein
erlerntes Alternativverhalten zeigt.
Richtig eingesetzt sorgen die Abbruchsignale für
das Gegenteil von Stress, nämlich für Klarheit.
Sie verhindern Konflikte und Eskalation, stabilisieren das Mensch-Hund-Verhältnis und zügeln
allzu große Hemmungslosigkeit.
Vor allem die Halter von Welpen und Junghunden haben in dieser Zeit eine große Verantwor-

113

tung: Denn wenn Hündchen bereits jetzt lernt, dass es durch das Befolgen eines Abbruchsignals Stress vermeiden kann, stabilisiert sich sein Stressbewältigungssystem. Seine Hirnrinde und seine Nervenbahnen werden leistungsfähiger, und der Kleine wird damit in Zukunft belastbarer und stressresistenter. Und das Schöne dabei ist, dass er diese erlernte Frustrationstoleranz auch verallgemeinern wird ...

Denn wer schon im jugendlichen Alter vermittelt bekommt, dass man nicht immer seinen eigenen Kopf durchsetzen kann, sondern gerade durch gezieltes »Mal-klein-Beigeben« auch den sozialen Frieden erhalten und sich damit ein ruhiges Leben verschaffen kann, wird auch in ganz anderen Konflikt- und Stresssituationen ruhig und zielgerichtet handeln. Emotionale Stabilität fällt nicht vom Himmel, sondern muss – wie alles andere auch – erst einmal in der Schule des Lebens gelernt werden.

VORSICHT FALLE

Wenn Sie das verbale Abbruchsignal trainieren, dann passen Sie auf, dass Ihr schlaues Kerlchen den Spieß nicht umdreht: Er beginnt absichtlich an den Schuhen zu kauen – in Erwartung Ihres Signals und vor allem der Belohnung. Tappen Sie nicht in die »konditionierte Handlungskettenfalle«. Durch eine Fehlverknüpfung wiederholt er das unerwünschte Verhalten.

Wann ist ein Abbruchsignal angemessen?

Diese Frage lässt sich auch nicht pauschal beantworten, weil Hunde sehr individuell sind. Bei uns lebt der hypersensible Chihuahua-Mix Piccolo, mit dem wir natürlich anders umgehen als mit dem »Sie hat es sicher nicht so gemeint«- Beagle Herrn Meier. Bei Piccolo reicht ein Blick oder ein »Schluss jetzt!«, Herr Meier hingegen wird durchaus gelegentlich angerempelt, etwa wenn er meint, den anderen dreien mit mehr als respektlosem Verhalten auf die Nerven gehen zu müssen. Denn dass man alte arthrosegeplagte Hundedamen genauso wenig über den Haufen rennt wie einen Zwerghund, muss auch ein Beagle-Schnösel irgendwann einmal lernen.

Wie trainiere ich ein Abbruchsignal?

Falls Sie noch nicht beim Welpen damit begonnen haben, sollten Sie unbedingt ein Abbruchsignal bei Ihrem Hund einüben. Wir unterscheiden dabei zwischen verbalen Abbruchsignalen (»Lass das!« oder einfach ein vielsagendes Räuspern) und körperlichen Abbruchsignalen wie Anrempeln oder Zur-Seite-Drängen.

So geht's verbal

Lassen Sie Ihren Kleinen vor sich sitzen oder stehen, nehmen Sie ein schmackhaftes Leckerchen und verstecken Sie es in Ihrer geschlossenen Hand. Klar wird der Youngster versuchen, auf Teufel komm raus an das Leckerchen zu kommen: Er wird die Faust anstupsen, daran lecken oder mit den Pfoten daran kratzen. Bleiben Sie standhaft, lassen Sie ihn keinesfalls an das Leckerchen kommen und sagen Sie dazu (emotionslos!): »Lass das«, räuspern Sie sich oder verwenden Sie ein anderes Signal.

>> Anspringen von Menschen ist eine Unart vieler junger Hunde, die nicht toleriert werden sollte. Seien Sie konsequent.

>> Körpersprachliche Signale mit einer guten Körperspannung sorgen wieder für die richtige Individualdistanz.

Jetzt kommt es auf ein exaktes Timing an: In dem Moment, in dem der Welpe aufgibt und den Kopf abwendet oder Sie anschaut, sagen Sie »Nimm's!« und geben die Belohnung frei. Sie werden überrascht sein, wie schnell Hunde das begreifen! Jedes Mal, wenn er auf das von Ihnen gewählte Abbruchsignal mit einer Unterbrechung seines fordernden Verhaltens reagiert, öffnen Sie die Hand, geben Sie das Leckerchen mit »Nimm's« frei und loben Sie Ihren Hund. Im nächsten Schritt lassen Sie die Hand geöffnet und wiederholen das »Spiel«. Schließlich wird das Leckerchen auf dem Boden liegen, und Ihr Hund wird auf Ihr Signal hin den Versuch daranzukommen unterlassen.

Wenn er nun dieses Aufhören und das Kommando verinnerlicht hat, können Sie das Signal auch anwenden, wenn er sich gerade an Ihren Lieblingsschuhen zu schaffen macht. Lässt er ab, loben Sie ihn unmittelbar dafür!

So geht's körperlich

Nichtsdestotrotz wird es – je nach Hundetyp – immer wieder Situationen geben, wo das verbale Abbruchsignal allein nicht ausreicht. Springt Ihr Jungspund an Ihnen oder Ihrem Besuch hoch oder ist er mit herrlich selbstbelohnenden Gartenarbeiten beschäftigt, wird er Sie und Ihr »Lass das« eventuell nicht zur Kenntnis nehmen. Dann kann gleichzeitig mit Ihrem verbalen Abbruchsignal ein Anstupsen oder Anrempeln des Hundes nötig sein. Dabei geht es natürlich nicht um körperliche Gewalt, sondern um körperbetontes Handeln.

IMPULSKONTROLLE ODER DIE SACHE MIT DEM FRUST

Sie kennen es sicher: Da haben Sie sich seit Wochen auf das Konzert Ihres Lieblingssängers gefreut und sich mit Freunden zu einem tollen Konzertabend verabredet. Aber als Sie am Morgen der Veranstaltung in die Zeitung schauen, trifft Sie der Schlag: Wegen Krankheit fällt das Konzert aus. Der Schluck Kaffee bleibt Ihnen im Hals stecken. Sie beginnen sich zu ärgern. Kurz gesagt: Sie sind total frustriert.

Frustration, also die Enttäuschung einer Erwartung, erleben auch unsere Hunde, und zwar täglich. Das beginnt schon als Welpe: Denn etwa ab der fünften, sechsten Lebenswoche steht die Mutter nicht mehr ständig als Milchbar zur Verfügung, sondern ist auch mal abwesend oder verweigert dem Nachwuchs den bisher ungehinderten Zugang zum Gesäuge. Der Welpe erlebt zum ersten Mal, dass eines seiner wichtigsten Bedürfnisse nicht sofort befriedigt wird. Er ist enttäuscht und spürt ein Gefühl, welches ihm

bis dato unbekannt war: Er fühlt Frust. Da hilft kein Pföteln, kein fiependes Jammern, kein Anstupsen mit der Schnauze. Die Mutterhündin bleibt konsequent. »Nein, jetzt nicht«, wird körpersprachlich signalisiert: entweder durch Ignorieren oder Weggehen oder, wenn es der Nachwuchs allzu bunt treibt, auch durch ein Abbruchsignal. Dann wird der Kleine unsanft zur Seite gedrängt, wenn er zu penetrant wird, oder es kommt zu einem kurzen, kontrolliert-gehemmten Abschnappen. Der Welpe lernt nun, dass die Hundemama das Säugen erlaubt – oder auch nicht. Ähnlich wird es ihm gehen, wenn er feststellt, dass nicht jeder immer bereitsteht, mit ihm zu spielen oder ihn zu bespaßen.

Der Umgang mit Frustration ist eines der wichtigsten Dinge, die ein junger Hund lernen muss. Die Erkenntnis, nicht alles, was interessant ist, jetzt und sofort bekommen zu können, ist für Hunde – wie für uns Menschen auch – frustrie-

> Junge Hunde betteln gern. Gehen Sie nicht darauf ein, sonst belästigen sie auch Fremde.

rend. Den jungen Hund dabei helfend zu begleiten, ist sicher oft eine Herausforderung: nervig manchmal, aber auch spannend. Sozial kompatibles Verhalten entwickelt sich nicht über Nacht. Selbst wenn Ihr Welpe schon recht gesellschaftsfähig war: Als Canis pubertus wird er immer wieder nachfragen, ob das gestern Gesagte heute auch noch gilt. Aber Ihre Hartnäckigkeit und Konsequenz werden sich langfristig auszahlen, seien Sie gewiss. Junge Hunde, die nicht gelernt haben, dass es nicht immer nach ihren Wünschen und Bedürfnissen geht, neigen dazu, auf unangenehme Weise »kreativ« zu werden, um ihre Interessen durchzusetzen.

Die ganze Welt dreht sich um mich

Gerade in der Pubertät fällt es den jungen Hunden besonders schwer, Frust auszuhalten. Das Stichwort heißt Frustrationstoleranz und beschreibt, was der junge Spund lernen muss: zu ertragen, dass seine Erwartungen nicht immer erfüllt werden, und zwar ohne Murren und Knurren. Allerdings ist es ein ganz normales hundliches Verhalten, auch einmal gegen etwas zu protestieren, denn dieses Recht hat auch ein junger Hund! Gleichwohl muss er lernen und aktiv erfahren, dass er sich an Umweltbedingungen anzupassen hat. Und zwar auch dann, wenn er dazu gar keine Lust hat – also eigentlich immer. Auch wir leben ja nicht im Schlaraffenland und machen schon von Kindesbeinen an die oft schmerzliche Erfahrung, nicht alles zu bekommen, was wir wollen. Allerdings haben wir Menschen viel differenziertere Mittel, um auf unsere Umwelt zu reagieren und mit ihr zu interagieren, als es unseren Hunden möglich ist. Der Erfahrungsschatz eines jungen Hundes ist

> Spiel mit mir: Der Canis pubertus muss auch lernen, sich zurückzunehmen.

noch nicht sehr groß, seine Umwelterfahrungen sind begrenzt, und seine Verhaltensmöglichkeiten, um mit seiner Umwelt klarzukommen, sind immer noch ausbaufähig. Genau bei diesem Ausbau müssen Sie ihm zur Seite stehen. Sie sollten Sorge dafür tragen, Ihrem Hund zu vermitteln, dass er eben nicht der Nabel der Welt ist und dass es sich nicht den gesamten Tag über allein um ihn dreht. Wäre das aber so einfach zu bewerkstelligen, wie es sich liest, wären Hundeschulen verwaist und Hundetrainer arbeitslos.

Wie viel Mensch steckt im Hund?

Wir Menschen sind, wie wir sind – besonders im Umgang mit unseren Hunden. Wir wissen zwar alle, dass Konsequenz einer der Schlüssel zum erfolgreichen Umgang mit unseren Hunden ist, aber die sehr emotionale Wahrnehmung unserer vierbeinigen Mitbewohner schlägt uns immer wieder ein Schnippchen. Einer der größten und am häufigsten auftretenden Fehler im Umgang mit Hunden ist unsere Neigung, Hunde zu vermenschlichen. So deuten wir ihren Blick, wenn sie die Lieblingsschuhe von Frauchen zernagt haben, als schlechtes Gewissen. Dabei reagieren sie in der Regel nur mit subtilen Beschwichtigungssignalen auf die ärgerliche Stimme und Stimmung oder die deutlich Missfallen ausdrückende Körpersprache vom genervten Frauchen. Es kann nicht oft genug wiederholt werden: Ein Hund ist ein Hund ist ein Hund! Menschliche Eigenschaften hat er nur in eingeschränktem Maße, und menschliche moralische Kategorien sind ihm fremd. Noch immer gibt es eine genetische Übereinstimmung mit seinem Urvater, dem Wolf, von etwa 98 Prozent. Tun Sie sich selbst und vor allem Ihrem Hund einen großen Gefallen und sehen Sie ihn als das, was er ist: ein liebenswerter Sozialpartner aus der Familie der Caniden, der Hundeartigen.

❯ Jeder Hund ist eine Persönlichkeit. Gute Hundetrainer berücksichtigen das.

Sie sind ein Individuum – Ihr Hund auch

Allerdings – und das ist uns sehr wichtig: Jeder Hund ist ein Individuum, er hat seine Stärken und Schwächen, ist eine eigene kleine Persönlichkeit. Jeder Hund hat unverwechselbare Anlagen, und jeder junge Hund hat bereits seine eigenen Erfahrungen gemacht.

Und jedes Mensch-Hund-Team ist anders: Derselbe Hund reagiert oft unterschiedlich, je nachdem ob er mit seinem Herrchen oder seinem Frauchen unterwegs ist. Das bedeutet, dass es auch keine allgemeingültigen Methoden oder Konzepte gibt, einem Hund etwas beizubringen oder mit ihm umzugehen. Selbst wenn so mancher auch in der Hundeszene bekannte Trainer Ihnen das vermitteln will.

Jeder Hund verdient eine individuelle Behandlung. Ihm pauschal ein »Erziehungskonzept« überzustülpen, weil es bei dem Hund eines Bekannten auch funktioniert hat, ist wenig professionell und führt im schlimmsten Fall dazu, einen Hund vielleicht sogar noch in seinen Handlungen zu bestätigen und sein Fehlverhalten zu verstärken oder auch ihn in unnötigen Stress zu versetzen.

Bleib bei mir, ich bin spannender!

Ein Beispiel: Sie gehen mit Ihrem angeleinten Hund auf einem Feldweg spazieren. Ihr Hund ist aufmerksam, orientiert sich an Ihnen, zerrt nicht an der Leine und trabt munter, sich seines Hundedaseins freuend, neben Ihnen her. Plötzlich wird Ihr Jungspund unruhig, seine Augen fixieren einen Punkt am Horizont. Er beginnt hin und her zu trippeln und streckt seine Nase schnüffelnd in den Wind. Auf Ihrem Weg kommt Ihnen ein anderer, ebenfalls angeleinter

> Wer führt, gibt seinem Jungspund Sicherheit und Orientierung.

Hund mit seinem Besitzer entgegen. Sie greifen instinktiv fester um die Schlaufe der Hundeleine, ziehen sie kaum merklich ein wenig straffer. Ihr Hund beginnt nun stärker nach vorn zu ziehen, sie straffen die Leine noch mehr ... Ein Teufelskreis beginnt. Nach einigem Hin und Her hängt Ihr Hund wild kläffend in der Leine. Auch wenn es sehr viele mögliche Ursachen dafür gibt, unterstellen wir, dass der Grund ist, dass Ihr Hund gern Kontakt mit dem anderen Vierbeiner aufnehmen möchte. Sie wollen das aber unterbinden und halten Ihren Hund zurück. Statt sich auf Sie zu konzentrieren, schiebt er auf einmal gewaltigen Frust, den er lauthals in die Welt hinaus bellt.

So steuern Sie gegen

Was können Sie tun? Wenn Ihr Hund nicht gelernt hat, sich an Ihnen zu orientieren, bisher nur geringe oder keine Frustrationstoleranz hat: leider nur wenig. Seine Erregung wird größer und größer, seine Konzentration nach außen statt auf Sie immer stärker werden. Sie verlieren die Kontrolle über ihn. Was ist nun zu tun? Eine Möglichkeit wäre, sich kommentarlos umzudrehen und in die entgegengesetzte Richtung

>> Jeder Grashalm ist wichtiger als der Mensch. Hier ist der Hundehalter gefordert, seinem jungen Hund die Richtung vorzugeben.

>> Sind Sie eindeutig und unmissverständlich, dann folgt Ihnen der Youngster. Er hat gelernt, bei Ihnen ist es spannender.

in Bewegung zu setzen. Folgt Ihnen der Hund, können Sie ihn entsprechend belohnen.

Was aber tun, wenn Ihnen Ihr Hund nicht folgt? Eine sicher unbefriedigende Antwort: Es kommt darauf an, wie Ihre individuelle Beziehung ist, welches Temperament der Hund hat und welche Strategien Sie bisher verfolgt haben, sich gegenüber Ihrem Hund durchzusetzen. Eine Möglichkeit wäre, dass Sie versuchen, die Aufmerksamkeit Ihres Hundes zu erlangen. Das kann durch Ansprache erfolgen oder durch Umlenken auf einen anderen von Ihnen kontrollierten Reiz wie ein Spielzeug, mit dem Sie kurz mit Ihrem Hund spielen. Sobald der Hund nur ansatzweise auf Sie reagiert, loben Sie ihn. So kann es Ihnen Schritt für Schritt gelingen, die Aufmerksamkeit des Hundes auf Sie zu lenken.

Passen Sie auch dabei auf, dass es nicht zu einer konditionierten Handlungskette kommt, dass also Ihr Hund denkt: Rabatz machen = Spiel. Sie müssen ihm klarmachen, dass Frust nicht das Ende der Welt bedeutet, sondern dass es danach, zumindest häufig, lustig weitergeht. Üben Sie anfangs viel zu Hause, wo es wenig ablenkende Reize gibt, und verlagern Sie die Übung, wenn das gut klappt, nach draußen: zunächst in den Garten, später dann auf Ihre gemeinsamen Spaziergänge – jeden Tag ein- bis zweimal.

Aber Vorsicht: Übertreiben Sie nicht. Einige wenige Minuten, die aber regelmäßig, sind effektiver als lange, sich immer wiederholende Sequenzen. Ein Nebeneffekt dieser Übungen: Sie stärken die Bindung zu Ihrem jungen Hund. Ein weiteres Beispiel: Sie wollen auf Ihre tägliche

Gassirunde, gehen in den Flur und ziehen sich Schuhe und Jacke an. Ihr junger Hund freut sich wie Bolle, weiß er doch, dass Schuhe und Jacke anziehen bedeutet, dass es jetzt raus geht. Er springt an Ihnen hoch, kläfft wie wild und ist total aufgedreht. Kaum öffnen Sie die Tür, sehen Sie nur noch das Hinterteil Ihres Lieblings. Also probieren Sie doch einige Zeit etwas anderes: Gehen Sie in den Flur, ziehen Sie sich an und gehen Sie einfach in die Küche und kochen sich einen Kaffee, setzen sich an einen Tisch und genießen. Dann gehen Sie wieder in den Flur, legen Jacke und Schuhe ab und gehen Ihren sonstigen Beschäftigungen nach.

Wenn Sie dieses »Ritual« etwa einen Monat lang immer wieder in den täglichen Ablauf einbauen, wird sich die Erwartungshaltung Ihres jungen Hundes verringern, und die Verknüpfung von Anziehen und Gassigang wird schwächer und schwächer werden. Als generelle Aussage gilt: Verändert sich Ihr Verhalten, verändert sich auch das Verhalten Ihres Hundes.

Warum haben Sie einen Hund?

Lassen Sie uns an dieser Stelle die Bedeutung betonen, die Sie als Hundehalter für das Verhalten Ihres Hundes haben. Sie sind eine eigenständige Persönlichkeit. Sie haben Werte, Normen und Einstellungen, nach denen Sie Ihre Umwelt und somit auch Ihren Hund wahrnehmen. Eine ganz wesentliche Rolle für den Umgang mit Ihrem Hund spielt dabei unserer Auffassung nach der Grund, warum Sie mit einem oder mehreren Hunden Ihr Leben teilen. Die Motivation, einen Hund in Ihr Leben zu lassen, hat einen direkten Einfluss darauf, wie Sie mit Ihrem Hund umgehen. Die Gründe sind vielfältig, und

jeder hat seine Berechtigung. Einige möchten wir beispielhaft anführen: Beschützer, Zuhörer, der Wunsch nach bedingungslosem Angenommensein, Sportobjekt, Schmuck, ein Stück Natur ins Haus holen, über den Hund andere Menschen kennenlernen, Macht über ein Lebewesen besitzen oder einen Helfer bei der Arbeit haben. Alle diese Gründe beeinflussen den Blick auf Ihren Hund. Ein Schäfer wird seinen Herdengebrauchshund deshalb sicher anders behandeln als der Besitzer, der seinen Hund im Hundesport einsetzt, um mit ihm möglichst viele Pokale zu gewinnen.

Nachdenkenswert erscheint uns die Motivation der Hundehaltung als Partnerersatz. Wenn ein Hund mit Anforderungen überfrachtet wird, wie dem Wunsch nach Nähe, nicht allein sein wollen, geliebt werden, so wie man ist, dem Bedürfnis nach Zärtlichkeit ... dann wird der daraus entstehende Umgang mit dem Tier häufig dessen Bedürfnissen nicht gerecht. Ein Hund ist nun mal kein Mensch mit Fell. Den Wunsch

> So bekommen Sie körpersprachlich ohne Probleme die Beachtung Ihres Vierbeiners.

nach bedingungsloser Anerkennung haben die meisten von uns. Dieses Bedürfnis jedoch auf den Hund zu projizieren, weil es von den Mitmenschen nicht befriedigt wird, führt in vielen Fällen dazu, den Hund bis zur Unkenntlichkeit zu vermenschlichen und der wahren Natur des Tieres nicht gerecht zu werden.

Auch den Hund als eine Art Schmuckstück zu halten, weil er unser Kindchenschema anspricht, so toll ausschaut, so beeindruckend groß oder so niedlich klein ist, so hübsche Augen hat und wir von anderen deswegen bewundert werden, sehen wir sehr kritisch. Einen Hund auf seine äußere Erscheinung, den sogenannten Phänotyp, zu reduzieren, macht aus diesem wundervollen Lebewesen ein Accessoire, eben ein Schmuckstück. Und Hand aufs Herz, wollen Sie als Hundehalter, als Mensch, nur auf Ihr Äußeres reduziert werden oder eher gemocht werden wegen Ihrer Art oder Ihres Charakters?

BEWUSST WAHR-NEHMEN UND LOBEN

Egal, ob bewusst mit dem Hund geübt wird oder ganz einfach in Situationen des täglichen Miteinanders: Orientiert sich der Hund an Ihnen, widmet er Ihnen seine Aufmerksamkeit, seien Sie nicht geizig mit Lob! Belohnen Sie jede kleine positive Veränderung. Aber bitte denken Sie daran: Loben ist viel mehr als die ständige Gabe von Futterbrocken oder Leckerchen.

In kleinen Schritten zum Erfolg

Wie Sie sonst noch Frustrationskontrolle üben können? Eine weitere Möglichkeit ist, den Hund, bevor er zu seinem Fressnapf darf, einige Minuten davor abliegen zu lassen. Auch das können Sie schrittweise üben, abhängig von der Erregung Ihres Hundes: 30 Sekunden, eine, zwei, drei, vier Minuten ... Warum nicht mal eine halbe Stunde – keine Angst, Ihr Hund wird schon nicht verhungern. Aber er wird lernen, dass es sich lohnt, sich zu beherrschen. Die Belohnung für seine Bereitschaft zu warten, ist dann in diesem Fall das tägliche Futter, das Sie ihm aber keinesfalls dann geben dürfen, wenn er gerade lauthals seinen Protest kundtut.

Eine weitere Übung zur Impulskontrolle ist, dem Hund zu untersagen, einem geworfenen Ball, einem Stück Holz oder einer Beißwurst hinterherzuhetzen. Die meisten Hunde jagen gerne sich bewegenden Objekten hinterher und die meisten unserer Jungspunde sowieso. Das Jagen einer »Beute« ist ein Teil des Beutefangverhaltens und bei den meisten Hunden, besonders wenn sie Jagdhunderassen angehören, fest im vererbten genetischen Programm verankert. Auch hier gibt es die Möglichkeit, dem jungen Hund in kleinen Schritten zu zeigen, dass sich das Warten oder das Loslaufen erst nach Ihrem Kommando für ihn lohnt. Dafür muss er aber einen Grund haben. Mit anderen Worten, der Reiz, bei Ihnen zu bleiben, muss größer sein als der Reiz, sich von Ihnen zu entfernen.

Geben Sie also Ihrem Hund einen guten Grund, bei Ihnen zu bleiben. Das kann ein aufmunterndes Wort sein, ein freundliches »Hey, bleib bei mir«. Holen Sie ein Spielzeug heraus, verstecken Sie es und lassen Sie Ihren jungen Hund danach

> Am gefüllten Napf zu warten, ist nicht der Untergang der Welt.

suchen. Oder knuddeln Sie ihn einfach mal so richtig durch, wenn ihre Fellnase das mag.

So bitte nicht

Ein heftiger Leinenruck, lautes Schreien – Ihr Hund hat ein gutes Gehör –, Nackenschütteln oder andere negative oder gar schmerzhafte Maßnahmen sind natürlich keine gute Wahl, das sollte klar sein. Sie erzeugen nur Meideverhalten, und der Lerneffekt ist gleich null.

Ihr Hund wird möglicherweise sein aufsässiges Verhalten unterbrechen, aber meist ist dieses Verhalten nur von kurzer Dauer, die uner-

wünschte Handlung tritt also wieder auf. Ganz abgesehen davon, dass viele Methoden, die mit körperlicher Einwirkung auf den Hund einhergehen, tierschutzwidrig sind.

Bleiben Sie geduldig!

Gerade der pubertierende Hund wird immer wieder fragen: »Gilt das noch, was du gestern gesagt hast, ist das wirklich so gemeint?« Je klarer Sie ihm zeigen, was Sie wollen, und je berechenbarer Sie für ihn sind, umso einfacher machen Sie es Ihrem Vierbeiner. Die Zeit der Pubertät kann zugegebenermaßen nervig sein, und es besteht durchaus die Gefahr, auch einmal die Geduld zu verlieren – das ist menschlich. Hunde verzeihen Erziehungsfehler aus Verärgerung in der Regel, allerdings nur dann, wenn sie nicht ständig geschehen. Übrigens, in der Zeit der Pubertät können Sie auch ein wenig für sich selbst tun: Üben Sie sich in Gelassenheit und Nachsicht. Vergleichen Sie sich und Ihren Hund nicht mit anderen, die Ihre momentanen Herausforderungen nicht bewältigen müssen. Versuchen Sie, Ihren eigenen Perfektionsdrang zu zügeln, lächeln Sie milde, wenn Ihr Jungspund wieder mal partout nicht das machen will, was Sie von ihm erwarten.

> Blickkontakt zu halten, ist eine gute Übung, den Junghund auf sich zu konzentrieren.

Steigern Sie die Frustrationstoleranz Ihres Hundes

Dem eigenen Impuls nicht zu folgen, fällt jungen Hunden oft besonders schwer. Dieses »Ich will alles, und zwar sofort« ist aus Hundesicht völlig verständlich, wie auch das Kind an der Kasse des Supermarkts das Eis oder die Schokolade sofort haben will. Aber die meisten Hunde bei uns leben leider nicht in einer Umwelt, die ideal an ihre Bedürfnisse angepasst ist, sondern genau das Gegenteil ist oft der Fall. Weder kann Hund beim Anblick eines Artgenossen auf der anderen Straßenseite seinem Impuls nachgeben, sofort dorthin zu rennen, noch darf er einfach eigenständig einem Hasen hinterherrennen oder einem Kind den Keks aus der Hand klauen. Deswegen hilft es ungemein, dem Hund immer wieder zu vermitteln, das eben nicht alles geht, nicht alles sofort verfügbar ist, dass dafür aber andere lohnenswerte Dinge, die auch viel Spaß machen, winken.

So können Sie Ihren Hund unterstützen, auch einmal eine frustrierende Situation auszuhalten:

- Schicken Sie ihn mehrmals am Tag ohne großes Aufhebens auf seinen Liegeplatz. Lassen Sie ihn dort von Tag zu Tag immer etwas länger liegen. Bestätigen Sie ihn zwischendurch. Sollte er immer wieder aufstehen und umherlaufen, schicken Sie ihn mit ruhiger, fester Stimme erneut auf seinen Platz.
- Holen Sie Ihren Hund zu sich, lassen ihn sitzen und werfen Sie einen Gegenstand ein paar Meter vor ihn (diese Übung geht auch zu Hause). Unterbinden Sie sofort körpersprachlich oder verbal, wenn er loslaufen will. Schicken Sie ihn nach einiger Zeit (diese kann nach und nach gesteigert werden) und lassen

>> Der Blick fixiert erwartungsvoll den gut gefüllten Leckerchenbeutel.

>> Den jungen Hund jetzt zu bestätigen, reduziert den Menschen auf einen Futterspender.

Sie ihn den Gegenstand holen, oder Sie gehen gemeinsam mit ihm zum Gegenstand. Bleibt er ohne Probleme bei Ihnen, loben Sie ihn. Fällt es Ihrem Junghund schwer, bei Ihnen zu bleiben, können Sie ihn auch anleinen. Loben Sie ihn dann anfangs schon für kurze Zeitspannen, die er ruhig neben Ihnen bleibt.

- Halten Sie ihm ein Stück Futter in der geöffneten flachen Hand vor die Schnauze. Will er es nehmen, schließen Sie die Hand und sagen ruhig, aber bestimmt Nein. Öffnen Sie die Hand wieder. Wiederholen Sie die Übung mehrmals so lange, bis der Hund gelernt hat, das Stück Futter erst auf Ihr Kommando hin zu nehmen. Dehnen Sie nach und nach die Zeitdauer aus. Diese Übung können Sie zu Hause praktizieren, aber auch in die täglichen gemeinsamen Spaziergänge einbauen.
- Gehen Sie mit Ihrem Hund regelmäßig auf eine Hundewiese, und Ihr Junghund dreht schon beim Einbiegen auf den Parkplatz hoch, bellt, fiept oder springt in seiner Hundebox im Auto hin und her, kann ihm folgende Übung helfen: Sie fahren zu einer Zeit auf die Hundewiese, zu der sonst keine Hunde anwesend sind. Leinen Sie ihn noch im Auto

an und gehen Sie mit ihm ein paar Minuten über die Hundewiese. Dann gehen Sie zurück zum Auto, lassen ihn wieder in die Box und fahren nach Hause. Wiederholen Sie diese Übung mehrmals. Sie können auch, wenn Sie merken, dass er weiterhin beim Anblick der Hundewiese hochfährt, einfach auf einem Parkplatz kehrtmachen und nach Hause fahren, oder Sie suchen einen anderen Ort auf und gehen dort mit ihm spazieren.

- Nehmen Sie einen Futterbeutel und füllen Sie ihn mit Futter (diese Übung eignet sich auch für daheim). Holen Sie Ihren Hund zu sich, lassen Sie ihn am Futterbeutel schnüffeln und stecken Sie den Beutel wieder weg. Lassen Sie Ihren Hund sitzen, legen Sie ihm den Futterbeutel vor die Pfoten. Wenn er von sich aus anfängt, am Futterbeutel zu schnuppern oder ihn in sein Maul zu nehmen, nehmen Sie ihn kommentarlos weg und stecken ihn ein. Bleibt er eine kurze Zeitspanne ruhig und konzentriert sich am besten auf Sie, loben Sie verbal und lassen Sie Ihren Hund ein Stück Futter aus dem Futterbeutel fressen. Dehnen Sie langsam die Zeitspanne aus und bleiben Sie immer entspannt dabei.

WER FÜHRT, GIBT SICHERHEIT UND ORIENTIERUNG

Führungskompetenz oder auch Führanspruch sind Begriffe, die erst vor gar nicht allzu langer Zeit in der Hundeszene und unter Hundehaltern populär geworden sind und mittlerweile einen immer breiteren Raum einnehmen.

Der Begriff stammt ursprünglich aus dem Bereich der Sozialwissenschaften und wird auch in der Psychologie verwandt. Führen kommt von »leiten, anleiten« oder auch »die Richtung bestimmen«. Der Grund, warum dieser Terminus von Experten wie dem Hundetrainer Thomas Baumann in den Umgang mit dem Hund übernommen wurde, war die Betonung des unverzichtbaren Umstandes, dass es Aufgabe des Menschen sein muss, in der oftmals hundefeindlichen modernen Umwelt den Hund nachhaltig und sicher anzuleiten und ihm dadurch Orientierung und somit Sicherheit zu vermitteln. Wenn der Mensch nicht führt und keine verbindlichen Vorgaben macht, besteht die Gefahr eines Führungsvakuums. Der Hund wird dann versuchen, aus der Not heraus und nicht seinem eigenen Bedürfnis gehorchend, dieses Vakuum zu füllen. Damit ist aber gerade der junge, noch wenig erfahrene Hund völlig überfordert. Er ist gestresst und entwickelt vermutlich mancherlei unerwünschtes Verhalten, versucht etwa seinen Menschen zu beschützen, obwohl der Mensch ihn beschützen sollte. Führungskompetenz bedeutet nun allerdings nicht, einem Hund alle Entscheidungen abzunehmen. Denn das würde ja heißen, ihn zur Entscheidungsunfähigkeit zu erziehen und zu einem reinen »Befehlsempfänger« zu degradieren. Ein so erzogener und geführter Hund müsste immerzu fragen: »Darf ich das, ist das erwünscht?« Wenig souverän für Hund und Halter, oder? Ein Hund im Teenageralter darf, ja er muss auch Fehler machen dürfen. Denn nur so kann er sich weiterentwickeln. Dabei kommt

> Hunde, die von ihrem Menschen keine Führung erfahren, verselbstständigen sich.

gerade auch dem vom Hund selbst initiierten Versuch und Irrtum eine besondere Bedeutung zu. Die Lernerfahrungen aus diesem Modell sind durch die Beteiligung der »Glücksdroge« Dopamin selbstbelohnend. Dadurch haben sie den Effekt, den Hund erfahren zu lassen, dass es ihm auch allein gelingt, eine Aufgabe zu bewältigen – und das steigert das Selbstbewusstsein. So wird die Eigenmotivation erhöht, und positive Lernerfahrungen werden langfristig verknüpft.

Führbarkeit und Rasse

Auch die genetisch fixierten und disponierten Eigenschaften Ihres Youngsters dürfen Sie nicht außer Acht lassen. Dabei werden unter fixierten Eigenschaften diejenigen verstanden, die ein Hund auf jeden Fall zeigen wird. Von disponierten Eigenschaften wird dann gesprochen, wenn ein Hund diese Anlagen besitzt, sie aber nicht zwangsläufig zum Vorschein kommen. So sind eine Reihe von Hunderassen über Jahrhunderte hinweg auf Selbstständigkeit gezüchtet worden. Hierzu gehören auch die bei uns mittlerweile immer beliebter gewordenen Herdenschutzhunde. Zu ihnen gehören beispielsweise die Rassen Kuvasz, Maremmano oder der imposante Kangal. Hunde dieser Rassen haben gelernt, auch ohne Anwesenheit des Menschen eine Schaf- oder Rinderherde vor Fressfeinden zu schützen. Wenn Wölfe eine Schafherde attackieren, wäre es nicht sinnvoll, wenn die Hunde zuerst abwarteten, ob und welche Anweisungen vom Menschen gegeben werden.

Zwar werden die meisten dieser Rassehunde bei uns nicht als schützende Arbeitshunde gehalten, ihre Eigenschaften bleiben aber natürlich und führen oft zwangsläufig, gerade in den Händen

> Alleine in der großen Welt. Junge Hunde sind hochsozial und brauchen Leitplanken.

wenig erfahrener Hundehalter, zu Problemen. Sollten Sie also keine oder nur wenige Erfahrungen im Umgang mit Hunden haben, lassen Sie sich nicht von dem imposanten Äußeren dieser Hunde verführen. Viel zu viele dieser oft nur aus optischen Gründen angeschafften Tiere landen früher oder später im Tierheim. Ähnliches gilt auch für Hunderassen, die uns Menschen seit Jahrhunderten bei der Jagd begleiten und unterstützen. Bei uns zu Hause leben unter anderem zwei Beagles. Die Hündin Andra und Herr Meier, die Ihnen aus der Einleitung bekannt sind. Beide sind Jagdhunde durch und durch. Ihnen wurden ihre jagdlichen Ambitionen quasi mit in die Wurfkiste gelegt. Beagle jagen in der Meute, sie zeichnen sich durch eine überragende Nase aus und sind äußerst robust. Hat so ein Meutejäger eine Hasenspur in der Nase, verfolgt er diese mit Spurlaut und Spurtreue, also laut und hartnäckig, und ist nur

127

> Informieren Sie sich vor dem Kauf, welche Rasse zu Ihnen passt.

noch schwer abrufbar. Auf der anderen Seite sind Beagle, weil sie ja in ihrer Rassegeschichte als Meutehunde gehalten wurden, meist sehr verträglich mit anderen Hunden. Die absolute Selbstständigkeit und große Beharrlichkeit, auf die sie für die Meutejagd gezüchtet wurden, machen auch diese Hunde für viele Menschen zu schwierigen Kandidaten, bei denen einiges an Souveränität nötig ist, damit Hund sich führen lässt und bereit ist, seine Eigenverantwortung auf den Menschen zu übertragen.

Im Gegensatz dazu gibt es Rassen, die über einen großen sogenannten »will to please«

verfügen. Dieser »Wille zu gefallen« macht sich dadurch bemerkbar, dass der Hund alles versucht, um von seinen Menschen Zuspruch zu bekommen. Zu den Rassen, die einen ausgeprägten will to please besitzen, gehören Sheltie, Labrador Retriever oder Border Collie – Rassen, die in ihrer Arbeitsgeschichte auf die Kooperation mit dem Menschen selektiert wurden und die sich dadurch auch leichter auf die Führung durch den Menschen einlassen, als es die »selbstständigen Einzelkämpfer« tun. Aber Vorsicht, der »will to please« ist immer nur eine Eigenschaft neben vielen anderen.

Die individuelle Einstellung zählt

Jeder junge Hund, unabhängig von seiner Rasse, ist eine eigene Persönlichkeit mit individuell von Hundehaltern empfundenen Stärken und Schwächen. Aus diesem Grund gibt es auch keine Problemhunde, lassen Sie sich das nicht einreden. Es gibt allerdings problematisches, unangemessenes Verhalten von Hunden, das aber immer individuell empfunden wird. Ein Hovawart, der als Wachhund auf einem abgelegenen Gehöft gehalten wird und jeden Besucher lautstark ankündigt, erfüllt die ihm zugedachte Aufgabe und verhält sich seiner Zucht gemäß territorial, er zeigt also gewünschtes Verhalten. Ein Teenie-Rauhaardackel, der in einer Zwei-Zimmer-Wohnung lebt und jeden Besucher schon an der Haustür verbellt, verhält sich verständlicherweise aus Sicht des Hundehalters und sicherlich auch des Besuchers unangemessen. Es sei denn, Ihnen gefällt so ein kleiner Alarmbeller. Nur mit Ihrem Nachbarn bekommen Sie dann sicherlich Probleme ... Die Bewertung von Hundeverhalten hängt somit immer auch von Ihren eigenen und den Ansprüchen der Gesellschaft an den Hund ab.

Wer führen will, braucht einen Plan

Was hat dies nun mit der Führungskompetenz eines Menschen gegenüber seinem ihm anvertrauten Hund zu tun? Wir verstehen unter dem Begriff Führungskompetenz, einen Hund zielorientiert zu bewegen, ihn sozial zu unterstützen, ihn in seiner Persönlichkeit weiterzuentwickeln und ihm zu helfen, sich in seiner, leider nicht immer hundefreundlichen Umwelt sozialverträglich zurechtzufinden und ihm einen Rahmen vorzugeben, innerhalb dessen er eigenverantwortlich handeln und seinen eigenen Interessen nachgehen kann. Dieser Rahmen – wir können auch Leitplanken dazu sagen – ist abhängig von der Situation und von der Persönlichkeit des Hundes weiter oder enger gesteckt. Als Führungskompetenz kann auch das Geschick des Hundehalters bezeichnet werden, dem Hund eine richtungsorientierte Anleitung zu vermitteln und diese, auch einmal gegen den Widerstand des Hundes, durchzusetzen.

Das andere Ende der Leine

Deshalb sind wir überzeugt, dass auch der Mensch die Bereitschaft zeigen muss, zu lernen und sich weiterzuentwickeln. Nicht jeder ist ein geborener Leader. Oft heißt es ja, das Problem liegt immer am anderen Ende der Leine. Wir sehen dies differenzierter, aber unbestritten ist, dass der Mensch in der kommunikativen und sozialen Interaktion mit dem jungen Hund immer beteiligt ist. Um Führkompetenz zu erlangen, bedarf es einiger Voraussetzungen, die

> Dieser Hund hat gelernt, trotz hoher Ablenkung im Kommando zu bleiben.

wir im Folgenden näher erläutern möchten.
Vertrauen: Damit Ihr Hund Sie als jemanden erkennt und erlebt, auf den er sich in jeder Situation verlassen kann, braucht es in erster Linie Vertrauen, Vertrauen und noch einmal Vertrauen. Und das will erworben werden. Führkompetenz hat also eine sehr stark soziale Komponente. Es ist bei Hunden ähnlich wie bei uns Menschen, es bedarf des Faktors Zeit und vieler tatkräftiger Beweise, damit sich Vertrauen aufbaut. Vertrauen im Vorbeigehen kann sich niemand erwerben. Wer heute seinem Hund alles verbietet, ihm morgen aber aus Bequemlichkeit alles erlaubt, wer sich unbeherrscht

oder launisch präsentiert, wird sicherlich kaum in der Lage sein, vom Hund als verlässlicher Partner wahrgenommen zu werden. Gerade der junge pubertierende Hund, der immer wieder versucht, seine Grenzen auszuloten, bedarf einer konsequenten Eindeutigkeit. Das Vertrauen meines Vierbeiners erwerbe ich nicht, indem ich ihm alles erlaube und ihm nichts verbiete, damit er mich lieb hat. Dieser Fehleinschätzung unterliegen leider manche Hundehalter.
Übersicht: Eine weitere Grundlage, dem Hund gegenüber Führungswillen zu dokumentieren, ist zu wissen, was man will, also einen Plan von etwas haben. Das bedeutet, sich auch voraus-

》 Nicht jeder junge Hund möchte von einem anderen Schnösel zwangsbespaßt werden.

》 Dieser Zwerg fühlt sich sichtlich unwohl in seinem Fell. Hier ist der Halter gefordert.

» Führkompetenz heißt auch, für den eigenen Hund in die Bresche zu springen. Damit gewinnen Sie sein Vertrauen und geben Sicherheit.

» So zeigen Sie Ihrem Youngster, dass Sie die Situation im Griff haben. Er lernt, bei Frauchen kann mir nichts passieren. Bei ihr bin ich geborgen.

schauend Gedanken darüber zu machen, was in einer bestimmten Situation zu tun ist. Und dies natürlich abhängig von Ihren eigenen Wünschen und Vorstellungen und dem Entwicklungsstand Ihres Hundes sowie seiner Anlagen. Ein eher unsicherer Hund bedarf in einer für ihn nicht einschätzbaren Situation, wie etwa einer Hundebegegnung mit einem ihm unbekannten anderen Hund, eines anderen Handlings als ein vor Selbstsicherheit strotzender Jungspund-Macho, der meint, sein täglicher Gassiweg wäre exklusiv nur für ihn angelegt.

Authentizität: Damit Sie Ihrem Hund glaubwürdig gegenübertreten können, bedarf es einer weiteren Eigenschaft, die oftmals eine eher untergeordnete Rolle spielt, aber dennoch ungeheuer wichtig ist, wenn Sie von Ihrem

Hund ernst genommen werden wollen: Seien Sie authentisch! Was bedeutet das? Authentizität entsteht dann, wenn Ihr Handeln in Übereinstimmung mit den charakteristischen Merkmalen Ihrer Persönlichkeit steht. Sind Sie eher ein ruhiger, stiller Typ oder mehr extrovertiert, sind Sie ausgeglichen oder unterliegen Sie Stimmungsschwankungen, sind gar hin und wieder launisch oder durch nichts aus der Ruhe zu bringen? Egal, welchem Persönlichkeitstyp Sie zuneigen, Ihr Hund ist ein guter Beobachter und wird Ihnen ein Verhalten, das im Gegensatz zu Ihrer Persönlichkeit steht, schwerlich abnehmen. Zumal ein entgegengesetztes Verhalten auch nicht lange durchgehalten werden kann. Eindeutigkeit ist also Trumpf. »Zeig, was du meinst, und du bekommst, was du willst.«

Dieser leicht abgewandelte Spruch gilt auch für das Zusammenleben mit unseren Hunden.

Achten Sie auf die Situation und bleiben Sie fair!

Ein ehrlicher und zuverlässiger Führungsanspruch benötigt neben einer gehörigen Portion an Gelassenheit auch die Bereitschaft, sich durchzusetzen. Gelassenheit deswegen, weil Sie umso glaubwürdiger Ihrem Hund gegenübertreten können, je weniger Sie sich unkontrolliert emotional oder gar aggressiv präsentieren. Führanspruch hat nichts, aber auch gar nichts mit Gewalt zu tun! Er gilt auch nicht universell, sondern ist immer situationsabhängig.

Hierzu ein Beispiel: Wenn Sie anfangen, Ihren Hund jagdlich auszubilden, so ist er Ihnen durch seine überragende Nase und seine Geländegängigkeit haushoch überlegen, und Sie werden deshalb hoffentlich nie auf die Idee kommen, ihn bei der Nachsuche nach geschossenem Wild im Dickicht anzuführen. Für diese Phase der Jagd und des Zusammenlebens mit Ihrem Hund geben Sie die Führung an ihn ab. Führungskompetenz ist immer verbunden mit einer stark sozialen Komponente. Eine auf Verbindlichkeit, Freundlichkeit, Verständnis, notwendiger Hilfestellung und Wohlwollen basierende Beziehung zu Ihrem Hund schafft die nötige Belastbarkeit, wenn es darauf ankommt,

> Ein junger Hund darf auch seinen eigenen Interessen nachgehen.

dass Sie Ihren Hund in gefährlichen Situationen auch mal kurzfristig stoppen müssen.

Und noch eine Eigenschaft, die unserer Auffassung nach für einen Hundehalter von immenser Bedeutung und Wichtigkeit ist, wollen wir beleuchten. Wir haben davon gesprochen, dass der pubertierende Junghund unter anderem Verlässlichkeit und Berechenbarkeit benötigt, um durch seinen Hormon-Boogie-Woogie nicht von der Tanzfläche abzukommen. Dazu gehört auch Fairness. Faires Verhalten gegenüber Ihrem Hund bedeutet, dass Sie wissen und, noch wichtiger, akzeptieren, dass sein mitunter nervendes Verhalten während der Pubertät nicht »absichtlich« geschieht. **Ihr Hund will Sie also nicht ärgern. Er kann einfach nicht anders.** Seine Hormone haben vieles durcheinandergebracht. Ihre Aufgabe besteht nun darin, das Chaospuzzle in seinem Gehirn in Zusammenarbeit mit ihm wieder zusammenzusetzen.

Fairness heißt nicht Verzicht auf Erziehung

Fairness ist nicht gleichzusetzen mit Nachsicht. Faires Verhalten zeigen Sie dann, wenn Sie Ihrer jungen Fellnase helfen, sich zu orientieren und sich in der Umwelt sozialverträglich zurechtzufinden und zu verhalten. Zum Beispiel wenn Sie die Gefahrenabwehr für ihn übernehmen und er so keine Veranlassung mehr hat, selbst zu agieren. Denn unfair ist es, wenn Sie Ihrem Youngster untersagen, sich selbst zu wehren, aber auf der anderen Seite nicht für ihn einstehen und für seine Sicherheit sorgen.

Fair heißt auch, ihm nicht böse zu sein, wenn er mal wieder, für Sie völlig überraschend, meint, Ihnen zeigen zu müssen, dass er ab sofort den Liegeplatz auf dem Sofa exklusiv für sich allein

> Positive Erfahrungen werden im Gehirn abgespeichert und machen selbstbewusster.

beansprucht. Seinen Anspruch sollten Sie aber natürlich konsequent unterbinden.

Wie das geht, zeigen wir Ihnen auf Seite 122 anhand einiger praktischer Übungen. Wichtig ist uns aber zu betonen, dass gerade in der Pubertät Ihr Hund, abhängig von Rasse, bisheriger Sozialisation und Persönlichkeit, immer wieder versuchen wird, seine Grenzen auszuloten und wenn möglich zu erweitern. Denn das ist bei jungen Hunden genauso normal wie bei jungen Wölfen und jugendlichen Menschen: Nur dadurch kann der Nachwuchs sich entwickeln und später als Erwachsener mit gefestigter Persönlichkeit die ihm zugedachte Rolle ausführen. Haben Sie also bitte bei aller Konsequenz auch immer Verständnis für Ihren aufrührerischen Youngster. Aber keine Angst, die pubertierenden Jungspunde wollen nicht gleich die Weltherrschaft übernehmen ...

ERZIEHUNG UND AUSBILDUNG

Sitz, Platz, Fuß – daran denken die meisten Menschen automatisch, wenn es um Hundeerziehung geht. Tatsächlich sind aber andere Aspekte viel wichtiger.

DIE QUAL DER WAHL – EINE GUTE HUNDESCHULE ERKENNEN

Er zieht wie ein Berserker an der Leine, heult ohne Pause, wenn Sie ihn mal allein lassen, oder er hat schon wieder Ihre Schuhe geschreddert ... Sie sind dem Nervenzusammenbruch nahe, Ihr junger Hund macht einfach nicht das, was Sie von ihm erwarten. »Bitte denken Sie daran, besuchen Sie unbedingt mit Ihrem Hund eine Hundeschule, aber eine gute muss es sein.« Diesen Satz noch im Gedächtnis, beginnen Sie mit einer intensiven Recherche. Einfacher gesagt als getan: Einmal kurz gegoogelt, und Sie finden Hundetrainer, Hundeflüsterer, Hundekommunikatoren, Hundepsychologen, Erziehungsberater, Verhaltensberater, Kynopädagogen und vieles mehr. Einige haben eine mehrjährige Ausbildung hinter sich, sind durch eine Tierärztekammer zertifiziert, andere wiederum haben ein theoretisches Fernstudium absolviert. Wieder andere berufen sich auf ihre jahrzehntelange praktische Erfahrung. Einige propagieren die gewaltfreie Erziehung, die ausschließlich mit positiver Bestärkung des Hundeverhaltens arbeitet, andere sind methodisch der Meinung, einen Hund auch zu begrenzen und unerwünschtes Verhalten dem Vierbeiner auch körpersprachlich zu verdeutlichen. Einige arbeiten völlig ohne Hilfsmittel, andere verwenden überwiegend Clicker oder Halti, setzen sogenannte Anti-Bell-Halsbänder ein. Tierkommunikatoren versprechen Ihnen, mit Ihrem Hund »sprechen« und seine Gedanken lesen zu können.

Der Begriff Hundetrainer ist keine geschützte Berufsbezeichnung mit vorgeschriebenem Ausbildungsgang und staatlich anerkannter Abschlussprüfung. Jeder, der sich berufen fühlt, kann eine Hundeschule eröffnen. Fast jede Hundeschule hat heute einen Internetauftritt. Einige sind optisch hochwertig aufgepeppt mit blumigen Formulierungen und bunten Bildern von tollen Hunden. Lassen Sie sich davon nicht blenden. Wichtiger als elegante Texte sind die Persönlichkeit und Kompetenz des Trainers.

Vorsicht bei Verhaltenstipps aus dem Fernsehen

Sendungen, die sich mit dem Thema Hund beschäftigen, haben viele Hundebesitzer motiviert, sich mehr mit dem Verhalten ihres Vierbeiners auseinanderzusetzen. Seien Sie sich dabei bewusst, dass aufgrund der zeitlichen Einschränkung von Filmberichten immer nur Momentaufnahmen gezeigt werden können. Das ganze Davor und Danach und vor allem das oft langwierige Dazwischen werden nicht gezeigt. Übernehmen Sie bitte außerdem nicht unreflektiert Trainingsmethoden, die vielleicht im Fernsehen zu dem gezeigten Hund und seinen Menschen passen, aber nicht automatisch zu Ihnen und Ihrem Hund, selbst wenn ein ähnliches Problem vorliegt.

Ein guter Hundetrainer mag Menschen

Aber zurück zu der Frage, was eine gute Hundeschule ausmacht. Wieder gibt es keine pauschale Antwort. Viel hängt von Ihnen selbst ab. Welche Vorstellungen haben Sie? Wollen Sie gezielt mit Ihrem Hund an einem Thema arbeiten, möchten Sie mit Ihrem Hund eine Hundesportart betreiben, oder interessieren Sie vor allem Erziehungskurse für Ihren jungen Hund? Möchten Sie in der Gruppe arbeiten oder lieber ein konkretes Problem in Einzelstunden angehen, die allerdings teurer sind als Gruppenkurse? Diese und ähnliche Fragen sollten Sie sich stellen, bevor Sie sich eine Hundeschule aussuchen. Auch eine längere Anfahrt kann sich lohnen, wenn die Hundeschule für Sie passt. Einen wirklich guten Hundetrainer erkennen Sie in allererster Linie daran, dass er Menschen mag und ein guter Kommunikator ist. Ja, Sie haben richtig gelesen. Menschen sollte er mögen. Warum? Ein Hundetrainer kann nur dann erfolgreich arbeiten, wenn es ihm gelingt, Sie zu erreichen, denn Sie sind derjenige, der die Verhaltensänderung bei Ihrem Hund herbeiführen muss, indem Sie sich verändern: Verändert sich das Verhalten des Menschen, verändert sich das Verhalten des Hundes. Der Trainer benötigt also über die rein fachliche Qualifikation hinaus Menschenkenntnis, Empathie und auch rhetorisches Geschick, um gemeinsam mit Ihnen – das ist ganz wichtig! – am Verhalten oder der Ausbildung oder Erziehung Ihres Hundes zu arbeiten. Er wird Ihnen, hoffentlich ungefragt, erklären, warum er etwas vorschlägt. Zumindest muss er in der Lage sein, seine Entscheidungen, Vorschläge und Tipps nachvollziehbar zu erklären. Er kann Sie gut anleiten und gibt Ihnen auf Sie und Ihren Hund zugeschnittene Ratschläge. Es reicht bei Weitem nicht aus, dass Ihr Hund zwar an der Hand des Trainers »funktioniert«, aber nicht bei Ihnen.

Schauen Sie sich doch einmal den nebenstehenden Kasten an. Wählen Sie sich diejenigen der von uns ausgewählten Kriterien aus, auf die es Ihnen besonders ankommt. Dann schauen Sie sich am besten ein paar unterschiedliche Anbieter an. Vereinbaren Sie eine Probestunde, und danach entscheiden Sie sich.

Das erste Aufeinandertreffen

Sie haben sich für eine Hundeschule entschieden und einen Termin mit dem Hundetrainer vereinbart. Bereiten Sie sich auf das erste Gespräch vor und notieren Sie sich ein paar für Sie entscheidende Fragen. Einige Trainer bitten

Sie vielleicht, beim ersten Gespräch den Hund nicht dabeizuhaben. Dieses auf den ersten Blick etwas ungewöhnliche Vorgehen kann sinnvoll sein. Wenn Sie allein zum ersten Termin kommen, kann sich der Trainer ganz auf Sie und Ihre Wünsche konzentrieren. Es gibt keine Ablenkung durch Ihren jungen Hund, der sich noch nicht so lange ruhig verhalten kann. Es kann aber auch ganz anders ablaufen: Der Trainer verabredet sich mit Ihnen und Ihrem Hund und geht eine Stunde mit Ihnen spazieren. Dabei schaut er genau auf Ihren Hund, auf Sie und wie Sie beide miteinander umgehen. Er stellt eine Menge Fragen, um so viel wie möglich über Sie und Ihren Hund herauszubekommen. Am Ende macht er Ihnen Vorschläge über eventuelle Kurse, Einzelstunden oder auf Ihren Hund zugeschnittene Beschäftigungsmöglichkeiten. Er wird Sie hoffentlich in den Entscheidungsprozess einbeziehen. Das bedeutet aber auch, dass Sie genau wissen müssen, was Sie in Ihrer Mensch-Hund-Beziehung können wollen.

CHECKLISTE FÜR EINE GUTE HUNDESCHULE

An folgenden Kriterien können Sie eine gute Hundeschule erkennen:

- Eine gute Hundeschule bietet eine kostenlose Probestunde an und wird Sie nie, ohne Sie und Ihren Hund kennengelernt zu haben, zu einem Kurs überreden.
- Vor dem Training führt der Hundetrainer ein ausführliches Beratungsgespräch mit Ihnen und klärt Ihre Bedürfnisse ab.
- Der Hundetrainer verfügt über eine nachweisbare Qualifikation. Ein Hinweis auf jahrelange Erfahrung reicht hier nicht aus. Man kann Dinge schließlich auch jahrelang falsch machen.
- Die Hundegruppen sind nicht zu groß, am besten nicht mehr als sechs bis sieben Mensch-Hund-Teams.
- Die Hundeschule bietet nicht DIE Methode zum Umgang mit Hunden an.
- Das Hundetraining findet nicht nur auf dem Hundeplatz statt.
- Rassetypische Eigenschaften Ihres Hundes und Ihre eigenen Fähigkeiten werden beim Training berücksichtigt.
- Hunde mit konkreten Verhaltensproblemen werden individuell und nicht in einer Gruppe betreut.
- Der Hundetrainer kann jederzeit nachvollziehbar erklären, warum er etwas tut.
- Der Hundetrainer bildet sich regelmäßig in seinem Fachgebiet weiter.

Ein absolutes Tabu ist natürlich eine Hundeschule, deren Trainer den Einsatz von Starkzwangmitteln nutzen, um einen Hund »motivieren«, ein gewünschtes Verhalten zu zeigen. Dazu gehören Stachelhalsbänder, Würgehalsbänder, der Einsatz des ohnehin in Deutschland verbotenen Teletaktgerätes oder sonstige Methoden, die dem Hund körperliche Schmerzen zufügen. Auch Schläge gehören selbstverständlich nicht zu einem zeitgemäßen Umgang mit Hunden.

> In einer Hundeschule lernt Ihr Youngster unterschiedliche Hunde kennen.

Schauen Sie genau hin

In den meisten Fällen wird es aber so sein, dass das erste Treffen auf einem Hundeplatz stattfindet. Vielleicht sind Sie bei einer kostenlosen oder preisreduzierten Schnupperstunde dabei. Schauen Sie sich in Ruhe um, sprechen Sie mit den anderen Besuchern der Hundeschule, fragen Sie sie nach ihren Erfahrungen. Sie bekommen sicher schnell ein Gefühl dafür, welche Stimmung auf dem Platz herrscht. Schauen Sie sich auch die anderen Hunde an. Gibt es die Möglichkeit des Sozialspiels, oder müssen die Hunde alle angeleint herumlaufen oder sind gar angebunden an einem festen Platz? Welchen optischen Eindruck macht der Platz auf Sie? Sehr wichtig für die Beurteilung einer Hundeschule ist zudem die Gruppengröße.

Verlassen Sie sich ruhig auf Ihr Bauchgefühl. Denn wenn Sie sich in der Hundeschule gut aufgehoben fühlen, Sie den Eindruck haben, Sie und Ihr Hund werden individuell betreut und der Hundetrainer ist jederzeit in der Lage, seine Handlungen für Sie nachvollziehbar zu erläutern, dann wird sich Ihre positive Stimmung auch auf Ihren Hund übertragen. Gute Stimmung erzielt gute Übungsergebnisse.

Wie groß ist die Gruppe?

Leider gibt es immer wieder Trainer, die Gruppen von zwölf oder mehr Teilnehmern zulassen und diese dann auch noch allein leiten. Wir können nur davor warnen, an solchen Gruppen teilzunehmen. Kein Trainer ist in der Lage, solche großen Gruppen effektiv zu überschauen, geschweige denn bei dieser stattlichen Teilnehmerzahl individuell auf das einzelne Mensch-Hund-Gespann einzugehen. Außerdem. Wenn Sie einen jungen Hund, der dazu ja noch mitten in der Pubertät steckt, auf einem Hundeplatz managen wollen, auf dem noch zehn oder mehr andere Hunde herumwuseln, kann es sein, dass Ihr Hund ständig starken Ablenkungsreizen ausgesetzt ist. Auch wenn der Trend in Deutschland immer mehr in Richtung Zweit- oder gar Dritthund geht, so leben doch die meisten Hunde allein bei Ihrem Besitzer oder in einer Familie. Das heißt, die Nähe von so vielen anderen Hunden ist ungewohnt, und das hohe Ablenkungspotenzial ist für einen möglichen Trainingseffekt kontraproduktiv. Als ideale Gruppengröße sehen wir maximal sechs Mensch-Hund-Teams an. Diese Gruppengröße ermöglicht es dem Trainer, jederzeit den Überblick zu behalten und spezielle Hilfen für den einzelnen Hund samt Besitzer zu empfehlen.

Hausaufgaben sind Pflicht

Aus der Lerntheorie ist bekannt, dass Hunde auch ortsbezogen lernen. Für die Arbeit auf einem Hundeplatz bedeutet das, es kann bei Ihrem jungen Hund zu Verknüpfungen zwischen dem Ort und beispielsweise einem neu erlernten Kommando kommen. Auf dem Platz, unter geringer oder gar keiner Ablenkung, führt

TRAINEREFFEKT – KEIN GRUND ZUM FRUST

Vielleicht kennen Sie das Phänomen: Da will es Ihnen partout nicht gelingen, Ihrem halbstarken Pubertäts-Rambo zu vermitteln, doch wenigstens 100 Meter neben Ihnen an lockerer Leine zu traben. Kaum ist er aber an der Hand des Trainers, mutiert der »Höllenhund« zum sanften Lämmchen: Munter, aber doch aufmerksam trabt ihr kleiner Liebling an lockerer Leine neben dem Hundetrainer her.

Es handelt sich meist um den »Trainereffekt«: Für Ihren Hund ist der Trainer keine Bezugsperson, Ihr Teenie kann auch das Verhalten des Trainers schlecht oder gar nicht einschätzen und ist deshalb umso aufmerksamer. Hinzu kommt, dass ein erfahrener Hundetrainer einen geschulten Blick auf das Verhalten Ihres Hundes hat und somit quasi vorausschauend gegebenenfalls notwenige Korrekturen anbringen kann.

er dieses Kommando dann auch aus. Zu Hause oder an Orten mit stärkeren Außenreizen, wie einer Straße oder in der Fußgängerzone, geht aber auf einmal gar nichts mehr – weil der Hund das Kommando ortsbezogen verknüpft und nicht generalisiert hat. Ein guter Trainer wird Ihnen deshalb auch immer Hausaufgaben bis zur nächsten Stunde mit auf den Weg geben. Nun kommt es auf Sie an, gemeinsam mit Ihrem jungen Hund jeden Tag ein kleines privates Trainingsprogramm zu absolvieren. Aber Vorsicht:

EXPEDITIONEN IN HUNDE-PARALLELUNIVERSEN

Bei der Erziehung sollte man nicht blind irgendwelchen Gurus hinterherlaufen, sondern vieles auch hinterfragen. Man sollte sich ein wenig mit der Biologie des Hundes und seinen Bedürfnissen auseinandersetzen – wobei Ihnen dieses Buch hoffentlich hilft – und manchmal einfach seinem gesunden Menschenverstand trauen.

Den ersten Keks – für meinen Hund

Die Skepsis begann vor zwölf Jahren auf der Suche nach Hilfe für das aus der Türkei zwangsexportierte Dönertier (türkischer Straßenhund der Autorin). Diese Suche ergab erschreckende Einblicke in Hunde-Paralleluniversen. Damals gab es aus heutiger Sicht haar- und fellsträubende Ratschläge. Darunter eine Liste mit sogenannten »Dominanzregeln«, die ich mir an den Kühlschrank heften sollte, um sie zu verinnerlichen. Dort hingen sie auch eine Zeit lang, aber zum Glück sagte mir recht schnell mein gesunder Menschenverstand, dass das nicht der richtige Weg im Umgang mit einem zutiefst verunsicherten Hund sein kann: Warum soll ich einen Hund, der endlich anfängt, Vertrauen zu zeigen und meine Nähe auf der Couch sucht, von dieser verbannen? Warum soll ich einen Keks essen, bevor ich dem Hund seinen Napf hinstelle, obwohl ich doch nur froh bin, dass mein superdünner Hund wenigstens ein bisschen frisst?

Wie soll ich meinen Status dadurch festigen, vor dem Hund durch die Türe zu gehen, wenn dieser sich sowieso weigert, seine sichere Wohnung zu verlassen? Und warum soll ich ständig darauf bestehen, dass der schlafende Hund mit kaputten Gelenken aufsteht und mir gefälligst Platz macht, obwohl er dabei jedes Mal Schmerzen erleidet und ich eigentlich sehr froh bin, dass er mir inzwischen endlich vertraut und nicht jedes Mal hysterisch aufspringt, wenn ich auch nur in seine Nähe komme? Natürlich braucht ein solcher Hund klare Regeln und Strukturen, quasi Leitplanken, die ihm Sicherheit geben, aber auf der Basis verhaltensbiologischer Erkenntnisse und nicht durch pauschale an den Kühlschrank geheftete Kochanleitungen.

Nicht da bei Gefahr

Bis heute schäme ich mich furchtbar, dass ich einen anderen »Tipp« aus Unwissenheit ausprobiert habe. Und zwar, die Ängste des Hundes zu ignorieren. Was heißt Angst? Im Falle des Dönertieres war es die pure Panik. Schon ein Yorkie am Horizont reichte aus, dass dieser Hund schreiend, mit schneeweißen Schleimhäuten und dem Schock nahe in der Schleppleine hing, während ich auf der Leine stand und Wolken zählte, um keinesfalls die Furcht zu bestärken. Glücklicherweise war mir schnell klar, dass das nicht zielführend sein kann, und inzwischen weiß ich, dass Gefahrenabwehr Leittiersache ist, und versuche, stets für meine Hunde da zu sein. Inzwischen zählen meine Hunde entspannt Wolken, während ich versuche, brenzlige Situationen zu regeln. Und ich habe weit mehr Erfolg, indem ich mich vor meine Hunde stelle, anstatt vor ihnen Kekse zu essen!

Begegnungen der merkwürdigen Art

Ein paar Jahre später wunderte ich mich, dass mich das Spazierengehen an der frischen Luft wider Erwarten nicht fit machte, sondern ich immer müder wurde, bis mir auffiel, dass sämtliche Hundebesitzer auf einmal demonstrativ gähnend durch die Gegend liefen – und das steckt ja bekanntlich an. Ziel der Massenbewegung war, auf »Hündisch« zu beschwichtigen. Dass sich der Wachhund, über dessen Gartenzaun man gerade klettert, davon anstecken lässt, wage ich allerdings zu bezweifeln.

Zur selben Zeit – und leider bis heute – wurden Hunde mit »rosafarbenen, linksdrehenden Wattebäuschchen« beworfen. Ziel war es, jeglichen Stress vom Hund fernzuhalten. Wehe, man gab den eigenen Hunden klare Regeln, dann wurde einem von vielen Seiten mit dem Tierschutz gedroht. Wer weiß, vielleicht würden meine Hunde auch schon längst zum Telefonhörer greifen und Hilfe holen, wenn sie wüssten, wie das geht? Aber die Abbruchsignale, die sie untereinander zeigen, sind klar und unmissverständlich – trotzdem habe ich sie noch nie darüber diskutieren hören ...

Ich bekam gesagt, dass Hunde, die am Halsband geführt werden, tote Augen bekommen, von Halswirbelsäulen-Schäden nicht zu reden.

Erstaunlich, dass meine Hunde sich bester Gesundheit und lebendiger Augen erfreuen. Ich sah Männer über die Markierungen ihrer Hunde pinkeln, um ihren Chef-Status zu untermauern, und hatte bei aller Verwunderung Respekt für deren Blasenvolumen.

Andere Mitglieder der Subspezies Hundehalter dagegen glauben, dass symbolisches »Mit dem Hund jagen« (aber der Hund jagt hinter einem!) die gegenseitige Bindung stärke, obwohl die zugrunde liegende Überlegung längst widerlegt ist. Bei all diesen Auswüchsen handelte sich um Anhänger von in der Hundeszene weitverbreiteten Ideologien, die sich komplett lächerlich machten. Bitte achten Sie gut darauf, wem Sie sich, Ihren Hund und dessen Erziehung anvertrauen, und rennen Sie nicht blind irgendwelchen wohlklingenden Trainingsmethoden oder vermeintlichen Gurus hinterher!

SEIEN SIE KRITISCH

Zum verantwortungsvollen Umgang mit dem Hund gehört auch, sich von Extremen bei der Ausbildung und Erziehung fernzuhalten. »Hier« und »Nein« sind ein Muss, alles andere ist Schnickschnack. Der Hund sollte nicht unter dem übertriebenen Ehrgeiz des Menschen leiden, er sollte nicht als Partner- oder Kinderersatz oder gar als modisches Accessoire dienen müssen und auch nicht als Sportgerät missbraucht werden. Er sollte als das behandelt werden, was er ist und sein will – als Hund.

Überfordern Sie Ihren jungen Hund nicht. Ihr Hund wird schnell die Motivation verlieren, wenn er zigmal die gleiche Übung stereotyp wiederholen soll. Wenige Minuten reichen aus. Übrigens, so ein kleines tägliches Programm macht Riesenspaß, wenn Sie peu à peu miterleben können, wie sich Ihr Jungspund entwickelt. Ein toller Nebeneffekt: Das gemeinsame Programm kann dazu führen, dass sich die Bindung Ihres Hundes an Sie weiter verfestigt.

Erst Erziehung, dann Ausbildung

Die Unterscheidung von Erziehung und Ausbildung ist unseres Erachtens nach wichtig, um die richtigen Prioritäten setzen zu können.

Bei der Erziehung versucht der Mensch, ein von ihm oder der Gesellschaft erwünschtes Verhalten beim Hund zu erzeugen, zu bestärken und zu bewahren. Ihr Canis pubertus muss also lernen, keine Menschen anzuspringen, allein zu bleiben, so an lockerer Leine zu laufen, dass sich nicht nach jedem Spaziergang der Orthopäde freut, mit Artgenossen auszukommen oder dass auch Nachbars Katze das Recht auf ein weitgehend ruhiges Leben hat. All das soll der Hund später aus eigenem Antrieb ohne Fremdbeeinflussung machen oder unterlassen. Erziehung ist also der Alltag, sozusagen die Familienhundeerziehung. Sie umfasst die Stärkung von sozialen, emotionalen, körper-

> Hundeplatztauglichkeit ist noch lange keine Alltagstauglichkeit!

lichen und praktischen Kompetenzen, die für ein Leben in der menschlichen Gesellschaft unabdingbar sind. Erziehung geht übrigens nicht nur vom Menschen aus, sondern passiert auch ständig zwischen Hunden.

Die Ausbildung hingegen ist die gezielte Vermittlung von ganz bestimmten Kenntnissen und Fertigkeiten, und zwar immer spezifisch und zweckgebunden. Der Hund soll also das Befolgen von ganz bestimmten Kommandos oder Fertigkeiten erlernen. Eine Ausbildung ist zum Beispiel die Blindenhundeausbildung, das Erlernen von Agility oder auch nur, sich auf ein bestimmtes Zeichen hin zu setzen.

Den Unterschied erkennen Sie am Beispiel der Leinenführigkeit. Hier soll der Hund im Alltag immer, ohne Kommando, an lockerer Leine neben uns herlaufen – das ist Erziehung. Die Ausbildung wäre hingegen das perfekte »Fuß gehen«, immer auf der linken Seite, exakt auf Höhe des Knies, den Blickkontakt zum Hundeführer haltend – so wie das eben bei der Prüfung zum Begleithund gefordert wird.

Allein dieses Beispiel sollte schon die Wichtigkeit der Erziehung deutlich machen. Denn was bringt Ihnen im Alltag ein Hund, der zwar auf dem Hundeplatz mit Blickkontakt und am Knie klebend bei Fuß läuft, in der »echten Welt« aber beim Anblick von Artgenossen, Joggern oder Kindern alles vergisst und in der Leine hängt? Leider sind die Schwerpunkte oft verschoben, und man findet genau das: Hunde, die in ihrer Spezialausbildung bombastische Leistungen bringen, die sich zum Beispiel im Agilityparcours an ihrem Menschen orientieren, die sich mit kleinsten, beinahe nicht sichtbaren körpersprachlichen Gesten durch den Parcours

>> Was ist das denn? Ein Agility-Tunnel lehrt manchen Canis pubertus zunächst das Fürchten.

>> Ist die Neugierde größer als die Furcht, macht das Tunnellaufen einen Riesenspaß.

schicken lassen, die aber häufig, sobald man den Parcours oder Hundeplatz verlässt, ihren Menschen nur noch als schmückendes Accessoire an der Leine hinter sich herziehen.

Setzen Sie Prioritäten! Und zwar bei der alltagstauglichen Erziehung Ihres Vierbeiners. Alles andere ist nettes Beiwerk, das der Hund, wenn die Erziehung, also die Basis passt, später noch »im Vorbeigehen« lernt. Denn was bringt Ihnen ein absoluter »Fachidiot«, der in seinem Spezialgebiet zwar Spitzenleistungen erbringt, aber mit dem Alltag völlig überfordert ist?

RUHEPHASEN, BESCHÄFTIGUNG UND AUSLASTUNG

Ihr kleiner Rocker dreht inzwischen immer mehr auf, und er ist eigentlich jederzeit zu jeder Schandtat bereit. Damit die nicht überhandnehmen, machen Sie sich Gedanken über die Auslastung Ihres Jungspundes. Aber auch an sein Ruhebedürfnis sollten Sie denken ...

In der Ruhe liegt die Kraft!

Auch wenn Junghunde in einem Hunderudel normalerweise die aktivsten Mitglieder sind und scheinbar keinen Schlaf benötigen, ist dies bei genauerem Hinsehen anders. Selbst ein Junghund in der absoluten Sturm-und-Drang-periode hat etwa die Hälfte des Tages seine Ruhephasen. Und auch die andere Hälfte wird nicht nur mit Herumtoben, Jagen und Spielen verbracht, vielmehr ist ein Gutteil einfach nur beobachtendes Daliegen und Wachsamsein. Wirkliches Herumtoben nimmt höchstens ein Viertel der gesamten Aktivität ein, das heißt nur etwa ein Achtel des ganzen Tages. Also müssen Sie für ausreichende Ruhephasen bei Ihrem Hund sorgen, denn diese sind enorm wichtig! Gönnen Sie ihm unbedingt die Möglichkeit, sich zurückzuziehen, wenn er es will, und sorgen Sie dafür, dass er an seinem Rückzugsort auch wirklich ungestört ist. Ob der Rückzugsort ein Körbchen, eine Decke oder eine Box ist, hängt von Ihrer häuslichen Situation und den Vorlieben Ihres Hundes ab. Sind Sie ein ruhiger Zeitgenosse ohne viel Umtrieb in der Wohnung, kann eine Hundedecke oder ein Körbchen als Rückzugsort für den Hund durchaus ausreichen. Haben Sie viel Action in der Wohnung, vielleicht Kinder, dann ist eine Box der bessere Rückzugsort. Wichtig ist nur, dass der Hund sich an diesem Platz wohlfühlt und ihn benutzen kann, wann immer er möchte, und dass er weiß, dort hat er seine Ruhe und wird nicht gestört. Die meisten Hunde verstehen das sehr schnell und nutzen gerne solche Plätze. Anderfalls müssen Sie mithilfe von regelmäßigen Übungen und Ritualen nachhelfen, bis Ruhephasen zum alltäglichen Ablauf für Ihren Vierbeiner gehören. Übrigens stimmt die Floskel »Lernen im Schlaf« tatsächlich: Wenn Sie Ihren Vierbeiner nach einer Übung zur Ruhe »verdonnern«, werden die Lerninhalte verfestigt. Machen Sie sich das zunutze!

VERZICHTEN SIE AUF DEN BALL

Viele Halter »bespaßen« ihre Hunde mit Ballspielen und meinen, sie so »artgerecht« auszulasten. Doch Vorsicht! Was für den Hundehalter nach Spaß für den Hund aussieht, ist für diesen bitterer Ernst. Das Hinterherhetzen hinter einem fliegenden Ball ist für den Hund Beutefangverhalten pur. Besonders bei Hütehunde- und Terrierrassen kann dieses »Ballspielen« schnell zu einem Suchtverhalten führen. Ein Hormoncocktail aus Dopamin und Adrenalin verschafft dem Hund ein »Erfolgserlebnis«, das nach ständiger Wiederholung verlangt. Der junge Hund ist nur noch fixiert auf den Ball, und seine Lefzen vibrieren vor Erregung. Lassen Sie es erst gar nicht so weit kommen. Hunde und Bälle haben nichts miteinander zu tun!

Wie soll ich meinen Hund beschäftigen?

Was ist mit der Auslastung, werden Sie sich jetzt sicher fragen? Und das ist eine durchaus berechtigte Frage. Zunächst müssen Sie das passende Hobby für sich und Ihren Hund finden. Denn nicht jeder Hund hat die gleichen Interessen. Hunde haben, wie Menschen auch, völlig unterschiedliche Vorlieben, dazu kommen rassetypische Präferenzen. So bietet es sich selbstverständlich an, einen Nasenhund wie den Beagle Herrn Meier über die Nase anzusprechen.

Ein Kleinhund kann übrigens fast alles tun, was auch die Großen machen, aber beim Zughundesport wird es sicherlich ein wenig schwierig. Und ein Mops, der unter Atemproblemen leidet, wird sicherlich nicht zum Agility-Crack.

Wie so oft gilt auch beim Thema Auslastung und Beschäftigung: Weniger ist mehr! Waren vor 20 Jahren ganz klar die meisten Hunde noch völlig unterfordert und hatten Probleme mit ihrem Leben in der Arbeitslosigkeit, sind mittlerweile viele Vierbeiner überfordert: Sie kommen vor lauter Aktivität und Freizeitprogrammen nicht mehr zur Ruhe – wie wichtig gerade aber die Ruhephasen sind, wissen Sie ja bereits.

Bei vielen Arten der »Hundebespaßung« besteht eine große Suchtgefahr. Um sich davon ein Bild zu machen, muss man nur diverse Agilityturniere besuchen oder auf der Hundewiese nebenan vorbeischauen und den zahlreichen »Balljunkies« zusehen ... Das kann nicht das Ziel sein! Zumal man Hunde auch sehr schnell »hochtrainiert« und sie dann das gewohnte Maß an Bespaßung einfordern, was zum Problem werden kann, wenn sich die eigenen Lebensumstände ändern. Da reicht eine längere Krankheit.

Enorm wichtig ist es unseres Erachtens, dass der Hund erst eine ordentliche Erziehung erfährt, also lernt, sich im Alltag angemessen

Ruhephasen sind sehr wichtig für junge Hunde, sonst wird aus Abwechslung Stress.

145

zu verhalten. Schaffen Sie eine Basis, werden Sie ein Team, das gemeinsam den Widrigkeiten des Alltags trotzt! Alles andere lernt der Hund auch noch später. Eigentlich sollte das selbstverständlich sein, ist es aber offenbar nicht. Denn wie oft begegnen einem Hunde, die zwar Höchstleistungen in Spezialgebieten wie Agility oder Obedience erbringen, aber außerhalb des Hundeplatzes eine reine Katastrophe sind, ihre Halter an der Leine führen, einen Riesenradau bei Hundebegegnungen veranstalten oder zu Hause durchgehend die Nachbarschaft beschallen. Bringen Sie auch hier zunächst Ruhe rein! Bleiben wir als Beispiel bei Spezialisten unter den Hunden, den Border Collies. Sie sind als

sogenannte Koppelgebrauchshunde wahre Arbeitstiere, was sie auch zum Modehund unter den Hundesportlern macht. Oftmals wird aber bei der Ausbildung die Basis, die Erziehung, vergessen, und der Hund hat nicht gelernt, auch mal »nur Hund« und nicht »Border Collie« zu sein. Ein Border Collie im Speziellen sollte anfangs erst einmal das Abschalten lernen. Erst wenn der »Aus-Knopf« installiert wurde, es also möglich ist, dass beispielsweise Kinder um ihn herum mit zehn Bällen gleichzeitig spielen und er trotzdem abschalten kann, kann man mit allem anderen weitermachen. Und glauben Sie uns, alles andere lernt der Border Collie auch später noch im Handumdrehen. Alltagserzie-

❯ Hunde mit großem Bewegungsdrang brauchen eine solide Grunderziehung.

hung, gute Bindung und viel Ruhe bilden nachher die Basis für alles Weitere und ermöglichen
auch im Hundesport später gutes Teamwork
sowie ruhiges und konzentriertes Arbeiten.
Dem Nasenhund Beagle müssen Sie im ersten
Jahr sicherlich nicht beibringen, wie man als
Hund seine Nase einsetzt! Das wird er auch von
allein schneller tun, als Ihnen lieb ist. Auch hier
empfehlen wir, das »Talent Nase« erst brach-
liegen zu lassen und später damit zu beginnen,
diese gezielt einzusetzen, wenn alles, was für
den Alltag nötig ist, bereits funktioniert. Auch
beim Autofahren ist es zunächst wichtig zu
wissen, wo genau die Bremse ist ...
Außerdem sollte man sich den Unterschied
zwischen Auslastung und Beschäftigung klarmachen. Unter Auslastung verstehen wir die
rasse- und typgerechte »Arbeit« eines Hundes,
also zum Beispiel die bereits erwähnte Nasenarbeit in Form von Mantrailen, Fährten, Zielobjektsuche oder auch Dummytraining. Diese
Auslastung kommt den Talenten des Hundes
entgegen, besteht aus ruhigem und konzentrier-
tem Arbeiten und macht im Idealfall den Hund
müde. Das ist genau das, was man als Halter mit
der Auslastung erreichen will.
Anders schaut es mit »Beschäftigungen« aus.
Beschäftigung kann alles sein, hat aber oft nichts
mit typgerechter Auslastung zu tun. Bleiben wir
beim Ball»spielen«. Sicherlich beschäftigt das
den Hund, eventuell macht es ihn auch körperlich müde, aber er wird sicherlich nicht ruhig
und konzentriert arbeiten und nachher auch
kopfmäßig ausgelastet sein. Im Gegensatz zur
Auslastung macht Beschäftigung süchtig, führt
also zu einem Immer-mehr-Wollen. Auch bei
Agility, Tricktraining und Co. findet man nach-

❯ Auslastung durch Dummytraining sollte von
Beginn an richtig aufgebaut werden.

her oft diese Junkies, weil der entscheidende
Punkt »Ruhe« vergessen wurde. Tun Sie das sich
und Ihrem Hund nicht an und stellen Sie stattdessen von Beginn an die richtigen Weichen.

Das ganz normale Leben gehört auch dazu

Übrigens sollten Sie bei aller Auslastung und
Beschäftigung nicht vergessen, Ihren Hund auch
einfach einmal Hund sein zu lassen. Freuen Sie
sich mit ihm, wenn er glücklich über die Wiesen
tobt, ausreichend Artgenossenkontakte und
Spielmöglichkeiten hat, sich gelegentlich ganz
nach Caniden-Art genüsslich in toten Würmern
wälzt oder Mauselöcher erkundet! Denn auch
das lastet Ihren Liebling aus – auf Hundeart!
Lernen muss er nebenbei sowieso genug, um
den Alltag souverän zu meistern.

> Das Ziel von Hundesport ist nicht »höher, schneller, weiter«!

Die Last mit der Auslastung – Hundesport als Freizeitstress?

Hundesport kann eine tolle Sache sein, wenn er mit Verstand, Ruhe und Freude sowie mit Motivation an beiden Enden der Leine ausgeführt wird. Zwang und übertriebener Ehrgeiz sind jedoch völlig fehl am Platz! Das tut Ihnen nicht gut und erst recht nicht Ihrem Jungspund, der noch mit so vielen anderen Herausforderungen in seinem jungen Leben klarkommen muss. Wichtig ist, dass Sie das passende Hobby für sich und Ihren Hund finden. Nicht jeder Hund hat Spaß daran, mit Höchstgeschwindigkeiten über einen Agilityparcours zu fetzen, nicht jeder geht in der Unterordnung auf und liebt akkurates Arbeiten, und nicht jeder Hund setzt seine Nase gerne und ausdauernd als Spürnase ein. Das gewählte Hobby sollte beiden Spaß machen und nicht irgendwann zur Last werden.

Im Folgenden stellen wir Ihnen verschiedene Möglichkeiten vor, aber auch dabei gilt, dass Ihrer eigenen Fantasie keine Grenzen gesetzt sind. Probieren Sie aus, und werden Sie kreativ, wenn es um die Auslastung und um die Beschäftigung Ihres Hundes geht! Beziehen Sie auch die Neigungen Ihres jungen Hundes mit ein.

Agility

Der Name leitet sich aus dem Englischen von »Wendigkeit« ab. Ziel ist es, einen bestimmten Parcours, bestehend aus Hürden und verschiedenen Geräten wie Tisch, Tunnel, Wand, Wippe oder Steg, in einer bestimmten Zeit zu bewältigen. Die Kunst besteht darin, den Hund durch Stimme und Körpersprache zu führen: Er darf im Parcours nicht berührt werden.

Der Hund sollte frühestens mit einem Jahr mit dem Training beginnen, weil vorher die Belastung für das jugendliche Skelett noch zu groß wäre. Aus diesem Grund sollten auch nur absolut gesunde Hunde diese Sportart betreiben. Lassen Sie das durch eine gründliche orthopädische Untersuchung sicherstellen.

Wenn Sie sich für Agility entscheiden, so achten Sie unbedingt auf ruhiges und konzentriertes Arbeiten, nicht dass Ihr Hund so endet wie viele Turnierhunde, die zwar im Parcours Höchstleistungen zeigen, aber dabei fast nicht mehr kontrollierbar sind, weil sie zu regelrechten Agi-Junkies werden, die völlig überdrehen und bereits beim Eintreffen auf dem Platz nicht mehr ansprechbar sind, weil sie nur noch das Objekt ihrer Sucht im Kopf haben. Meine Hunde haben alle ganz gerne Agility gemacht, aber es gab Tage, da musste ich sie über den Parcours tragen. Keine Suchtgefährdung – grünes Licht!

Obedience

Obedience (engl. »Gehorsam«) ist ebenfalls eine aus England stammende Sportart, bei der es auf die harmonische, exakte und schnelle Ausführung der Übungen ankommt. Obedience wird auch als die hohe Schule der Unterordnung bezeichnet. Grundlage ist ein gut eingespieltes,

》 Hundesport ist auch Arbeit für den Jungspund. Spielen ist dann ein prima Ausgleich.

》 Verantwortungsvolle Hundehalter überfordern ihren Youngster körperlich nicht.

》 Beim Spiel und Sport mit Hunden muss der Spaß im Vordergrund stehen, nicht die Leistung.

1

>> Tricks lernen fördert den natürlichen Spaß an der Bewegung und schult das Gehirn – eine tolle Beschäftigung für viele junge aktive Hunde.

2

>> Mensch und Hund in Harmonie. Gemeinsames Training macht Laune und fördert die Teambildung von Halter und Fellnase.

harmonisches Mensch-Hund-Team. Ein festes Schema, wie etwa bei der Begleithundeprüfung, gibt es nicht. Die Übungen werden vom sogenannten Steward angesagt. Obedience ist vom Grundsatz her für jeden Hund geeignet, unabhängig von Alter und Größe. Zu den Gehorsamsübungen aus der Begleithundeprüfung, wie Fuß laufen, Sitz aus der Bewegung und Platz mit Abrufen, kommen beim Obedience noch weitere Übungen hinzu, wie das Betastenlassen, das Gebiss zeigen, längeres Abliegen, das Schicken in die Box, Apportieren und die Geruchsdifferenzierung von Gegenständen.

Tricktraining

Tricktraining ist eine neue »Sportart«, die immer beliebter wird und für alle Hunde un-

abhängig von Rasse oder Alter geeignet ist. Sie können bereits beim Welpen anfangen, ihm auf spielerische Art verschiedene Tricks beizubringen. Der Fantasie sind dabei keine Grenzen gesetzt, egal ob Sie Ihrem Hund lustige oder nützliche Dinge beibringen wollen.
Winken, sich schämen, Slalom durch die Beine, aber auch »nützliche Tricks« wie Wäsche aus der Waschmaschine holen, Socken ausziehen, aufräumen, verschiedene Dinge tragen und bringen sowie andere Elemente aus der Ausbildung eines Assistenzhundes gehören bei unseren eigenen Hunden zum Stammrepertoire.
Tricktraining bietet den großen Vorteil, dass Sie es jederzeit und auch drinnen mit Ihrem Hund ausüben können, Sie brauchen weder einen Hundeplatz noch Geräte oder einen Trainer.

Dogdancing

Dogdancing ist eine aus den USA stammende Sportart. Beim Dogdancing zeigen Hund und Mensch zu musikalischer Begleitung eine Choreografie. Es werden hohe Ansprüche an den Gehorsam, die Harmonie von Mensch und Hund und an die Kreativität gestellt. Dogdancing vereint Elemente des Obedience, wie sehr aufmerksames »Bei-Fuß-Gehen«, mit speziellen Kunststücken aus dem Tricktraining, wie Beinslalom, Rückwärtsgehen, Seitengänge, Drehungen, Pfotenarbeit, Sprünge über den oder durch die Arme des Hundeführers, zwischen den Beinen laufen, Männchen machen, Polonaise ... Der Hund wird durch kleinste Körpersignale und verbale Kommandos durch das Programm gelenkt. Da die Choreografie individuell auf das ausführende Mensch-Hund-Team zugeschnitten wird, ist Dogdancing für Hunde jeden Alters und jeder Rasse geeignet.

Turnierhundesport

Der Turnierhundesport (THS) wird auch als Breitensport bezeichnet. Er setzt sich aus vier Disziplinen zusammen: Unterordnung, Hürden-lauf, Slalom und Hindernisbahn. Im Gegensatz zum Agility muss beim THS auch der Hunde-führer beim Hürdenlauf und Slalom über die Hürden und durch die gesteckten Stangen lau–fen. Bei dieser Sportart wird auch die Laufzeit des Hundeführers gemessen, sie ist also für sportliche Menschen mit sportlichen Hunden geeignet. Wie beim Agility sollte das Training frühestens mit einem Jahr beginnen, weil vorher die Belastung für das jugendliche Skelett zu groß wäre. Deshalb muss der Hund absolut gesund sein. Fragen Sie vorher Ihren Tierarzt.

Rally Obedience

Diese Sportart ist in Deutschland noch relativ neu. Sie ist für fast jeden Hund jeden Alters geeignet. Wer Action, Spaß und Unterordnung miteinander verbinden möchte, für den ist Rally Obedience genau das Richtige. Kommunikation und eine partnerschaftliche Zusammenarbeit von Halter und Vierbeiner stehen dabei im Vordergrund. Es gilt, einen fest abgesteckten Parcours mit vielen Übungen wie Sitz, Platz, Steh oder einen Slalom zu bewältigen. Bewertet werden die Ausführung und die Zeit.

Canicross

Für sportliche Hundehalter bietet sich Canicross an. Bei diesem Geländelauf sind Sie mit Ihrem Hund, der mindestens ein Jahr alt sein sollte, durch eine flexible Leine verbunden. Es werden besondere Anforderungen an die Kondition der Halter gestellt. Der Hund muss immer vor seinem menschlichen Mitläufer bleiben und zieht ihn streckenweise auch.

> Tanzen kann man nicht nur in der Disco: Groo-ven Sie doch mal mit Ihrem Jungspund.

> Apportieren ist mehr, als nur einen Dummy zurückzubringen.

Dummytraining

Das Dummytraining entstand ursprünglich aus der jagdlichen Arbeit mit Retrievern, deren Job das Apportieren von angeschossenem oder getötetem Wild ist. In der Zwischenzeit hat sich diese spezielle Art der Ausbildung zu einer eigenständigen Disziplin entwickelt, die zwar immer noch den Grundgedanken der Jagdausbildung verfolgt, aber von vielen Hundehaltern aus rein sportlichen Gesichtspunkten betrieben wird. Apportiert werden, wie der Name bereits sagt, nicht geschossene Wildtiere, sondern spezielle Dummies aus Stoff.

Durch wechselndes Gelände und unterschiedlichste Apportieraufgaben ist dies eine sehr anspruchsvolle, interessante und abwechslungsreiche Arbeit für den Hund, die ihn körperlich und geistig fordert und fördert. Das gute Zusammenspiel zwischen Hundeführer und Hund ist die Basis jeder erfolgreichen Dummyarbeit. Das Dummytraining ist auch für Nicht-Retriever eine tolle Art der Auslastung.

Longieren

Beim Longieren, das sich an die Longierarbeit mit Pferden anlehnt, wird durch ein handelsübliches Absperrband und kleine Stangen ein Kreis gebildet, den der Hund umrunden muss. Er darf den abgesperrten Kreis nicht betreten. In der Mitte des Kreises steht der Hundeführer. Dieser führt den Hund durch Sichtzeichen und wenige Hörzeichen. Das fördert nicht nur Aufmerksamkeit und Konzentration des Hundes, sondern auch die Ausdauer, die Bindung zum Menschen sowie die Kontrolle des Hundes auf Distanz. Der Hund lernt, menschliche Führung und Grenzen zu akzeptieren und ganz nebenbei auch die Einhaltung von Tabuzonen, in diesem Fall das Innere des Longierzirkels.

Zur Steigerung können beim fortgeschrittenen Longierhund Richtungs- und Tempowechsel, Sitz, Platz und Steh oder auch verschiedene Agilitygeräte in die Übung eingebaut werden. Das Longieren fordert den Hund mental und körperlich auf hohem Niveau. Auch für den Menschen ist das Training herausfordernd, weil er sowohl koordiniert laufen als auch körpersprachlich eindeutig bleiben muss. Longieren eignet sich für alle Hunde, auch für Pubertisten.

Nasenarbeit

Wo wir Menschen etwa 10 000 Moleküle der übel riechenden Buttersäure pro Kubikzentimeter Luft benötigen, um sie wahrnehmen zu können, benötigt ein Hund nur ein einziges Molekül. Verantwortlich für diese phänomenale Riechleistung sind die Nasenschleimhaut des Hundes sowie die entsprechende Region im Gehirn, die beim Hund proportional zur Gehirngröße etwa fünfmal größer ist als beim Menschen. Die Riechschleimhaut eines Hundes hat abhängig von der Größe der Rasse eine Fläche von etwa 150 Quadratzentimetern mit durch-

schnittlich 200 Millionen Riechzellen. Nasenhunde wie Beagles kommen auf 450 Millionen! Im Vergleich dazu misst die Riechschleimhaut des Menschen gerade fünf Quadratzentimeter mit bescheidenen fünf Millionen Riechzellen. Nasenarbeit ist also perfekt für Hunde.

Fährtenarbeit

Die Fährtenarbeit ist für das Nasentier Hund hervorragend zur Auslastung geeignet. Der Hund sucht dabei die Düfte der mechanischen Bodenverletzung des Fährtenlegers (beschädigte Erdoberfläche, zertretene Pflanzen, Kleinstlebewesen). Es gibt Eigen- und Fremdfährten, je nachdem, ob sie vom Hundehalter oder jemand anderem gelegt wurden. Auf der Fährte werden

❯ Longieren fördert auch die Distanzkontrolle des Junghundes.

>> Mantrailing nutzt die hervorragende Nase des Hundes, um verlorene Personen anhand ihres Individualgeruchs zu suchen und zu finden.

>> Mantrailen kann jeder gesunde junge Hund lernen. Im Gegensatz zur Fährtensuche werden keine Bodenverletzungen, sondern Duftmoleküle erschnüffelt.

zusätzlich noch Gegenstände abgelegt, die der Hund entweder anzeigen oder aufnehmen muss. Zur Beschäftigung kann man auch hervorragend Schweißfährten, also Spuren aus Tierblut, legen oder einen Pansen oder Ähnliches über eine Wiese ziehen und den Hund die Fährte verfolgen lassen. Zum Beispiel bei der Meutejagd, auch als Fuchsjagd bekannt, verfolgen die Hunde heutzutage zum Glück keine lebenden Füchse mehr, sondern eine Fährte aus Heringslake und werden dabei von Reitern begleitet.

Mantrailing

Beim Mantrailing (von Englisch *man* für »Mensch« und *trail* für »Verfolgen«) sucht der Hund eine Person. Der Unterschied zwischen einem Mantrailer und einem Fährtenhund besteht darin, dass der Mantrailer bei der Suche direkt nach menschliche Gerüchen sucht und dabei verschiedene Menschen oder besser deren Düfte voneinander unterscheiden kann. Mantrailing kann als »echter Job« in Form von Rettungshundearbeit oder auch »just for fun« zur Auslastung des Hundes betrieben werden. Für das Mantrailen eignet sich jeder Hund, auch wenn diese Form der Auslastung natürlich »Nasentieren« wie Beagles, Bloodhound und Co. besonders entgegenkommt.

Zielobjektsuche

Die von Ina und Thomas Baumann (Hundezentrum Baumann) entwickelte markenrechtlich geschützte Zielobjektsuche (ZOS) garantiert Ihrem Vierbeiner sowohl körperliche als auch geistige Auslastung und stärkt die Bindung. Zu Recht wird ZOS auch als »Premiumauslastung für den Hund« bezeichnet. Um das auch wirklich zu erreichen, sollten Sie sich möglichst einen lizensierten ZOS-Trainer suchen. Versteckt werden zuvor konditionierte Gegenstände, die der Hund dann auf Aufforderung suchen soll. Je kleiner dabei der Gegenstand, desto intensiver ist die Suchauslastung. Angezeigt werden die gefundenen ZOS-Gegenstände vom Hund, indem er sich direkt vor dem Suchobjekt ablegt. Gefördert werden durch ZOS die Konzentration, Suchintensität, Suchkondition und Suchmotivation Ihres Vierbeiners. Die Ruhe-Kontrolle des Hundes vor der Arbeit sowie das »Lesenlernen« des Hundes bei der Arbeit sind wichtige Elemente für das alltägliche Zusammenleben. Vor allem bei einer eher schlechten Bindung zwischen Hund und Halter ist die Zielobjektsuche ein langfristiger Garant für ein harmonisches Miteinander.

Auch ZOS ist für Hunde jeden Alters und jeder Rasse geeignet. Diese Form der Nasenarbeit kann »just for fun« betrieben werden, aber es gibt aufgrund der immer größeren Beliebtheit inzwischen auch Wettkampfveranstaltungen.

》 Ein gut sitzendes, bequemes Brustgeschirr gehört zur Grundausstattung eines Trailhundes.

》 Das Zusammenspiel von Mensch und Hund hat auch beim Mantrailing eine große Bedeutung.

Weitere Möglichkeiten, dem Hund einen tiefen Schlaf zu verschaffen ...

Ihrer Fantasie sind natürlich keine Grenzen gesetzt, wenn es um die Auslastung des Vierbeiners geht. Sie können zum Beispiel Leckerchen in alte Kartons und Zeitung verpacken und diese den Hund auspacken lassen. Oder Sie füttern ihn mal nicht aus dem Napf, sondern verstreuen seine Ration im Garten oder auf einer Wiese und lassen den Hund suchen. Auch gut gemachte Intelligenzspiele für Hunde sind bestens geeignet und lassen sich mit etwas handwerklichem Geschick sogar selber bauen.

Nutzen Sie draußen einfach alles, was Ihnen begegnet, und ermutigen Sie Ihren Hund, auf einem Baumstamm zu balancieren, unter einer Bank durchzulaufen oder auf Kommando einen Mülleimer zu umrunden. Lassen Sie unauffällig einen Futterbeutel fallen und den Hund suchen und apportieren. Oder Sie spielen einfach körperbetont mit Ihrem Youngster – er wird es zu schätzen wissen und sich mehr an Sie binden. Bei allem, was Sie mit Ihrem jungen Hund unternehmen, nehmen Sie Rücksicht auf sein Alter und seine Konstitution. Bauen Sie immer wieder Ruhephasen ein. Dies gilt besonders für diejenigen jungen Quirlies, die schnell hochdrehen und dann auf einem konstant hohen Energieniveau kaum mehr kontrollierbar sind. Haben Sie solch ein Exemplar, raten wir Ihnen zu »Weniger ist mehr«. Es wird Ihnen das Zusammenleben stark erleichtern. Außerdem

> Intelligenzspiele lassen das Belohnungshormon Dopamin sprudeln.

>> Für Schnüffelspiele braucht ein junger Hund kein teures Spielzeug, nur einen kreativen Hundehalter an seiner Seite.

>> Gezieltes Schnüffeln lastet Kopf und Nase aus und macht dem Youngster nicht nur Spaß, sondern macht ihn auch müde und zufrieden.

minimieren Sie so auch die Gefahr, dass Ihr Jungspund zu einem »Suchtbolzen« mutiert, der nur noch auf der Suche nach dem auslösenden Reiz den Rest der Welt um sich herum vergisst. Haben Sie schon mal einen Filmbericht über ein verwildertes Haushunderudel gesehen? Diese Tiere ruhen oder schlafen 75 Prozent des Tages und der Nacht. Übertreiben Sie also nicht!

Darauf verzichten Sie besser

Vielleicht ist Ihnen aufgefallen, dass einige gängige Formen des Hundesports in dieser Aufzählung nicht erschienen sind? Das hat Gründe: Sportarten wie Flyball oder Discdogging, also Hundefrisbee, sind in unseren Augen ganz besonders für Junghunde weniger geeignet, weil sie den Hund zu sehr aufdrehen, die Gelenke zu

sehr belasten und außerdem ein hohes Suchtpotenzial beinhalten. Egal, was Sie mit Ihrem Hund anstellen, achten Sie auf ein ruhiges Miteinander, auf die nötige Impulskontrolle und auf konzentriertes Arbeiten. Denn davon profitieren Sie auch in Ihrem Alltag!

Auch das für Hütehunde oft angebotene Hütetraining zur Auslastung sehen wir sehr kritisch, weil es zwar dem Hund entgegenkommen mag, aber für die verwendeten Nutztiere alles andere als spaßig ist – denn das Hüteverhalten enthält Teile aus dem Jagdverhalten. Anders als beim Schäfer, der zur Arbeit mit den Schafen auf seine Hunde angewiesen ist, werden beim »Just-for-fun-Hüten« in der Regel nur wenige Tiere eingesetzt und mit fremden Hunden konfrontiert. Das lehnen wir ab!

DEN ALLTAG MEISTERN

Hunde sind heutzutage meist Familienmitglieder. Harmonie gibt es aber nicht zum Nulltarif, sondern muss gemeinsam erarbeitet werden.

ÜBER SINN UND UNSINN VON HAUSSTANDSREGELN

Diesem Kapitel möchten wir ein Zitat des bekannten Hundetrainers und unseres Vorwortautors Thomas Baumann voranstellen, das unseres Erachtens dieses immer wieder unter Hundehaltern, aber auch unter Hundetrainern kontrovers diskutierte Thema auf den Punkt bringt: »Hausstandsregeln sind bei Weitem nicht nur dazu gedacht, einem Vierbeiner Manieren beizubringen. Ein gut funktionierendes Regelwerk besteht keinesfalls nur aus Verbots- oder Tabunormen, es sollte auch stets harmonisierende Elemente beinhalten, die – im Falle einer Mensch-Hund-Beziehung – auch die elementaren Rechte des Vierbeiners berücksichtigen.« Immer wieder geht es auf Hundehalterstammtischen, Hundeplätzen, Seminaren oder Trainerfortbildungsveranstaltungen hoch her, fällt das Stichwort Hausstandsregeln. Dieser etwas altbacken klingende Begriff beschreibt Verhaltensprinzipien, die ein Halter seinem Hund vorgibt, um ein harmonisches Miteinander von Mensch und Hund im Haus zu garantieren. Wobei wir anmerken möchten, dass es eine Reihe von Regeln gibt, die nicht nur im Haus, sondern überall gelten. Nehmen wir als Beispiel nur das unerwünschte Verhalten, den Besuch zu Hause anspringend und gesichtsabschlabbernd zu begrüßen – genauso wenig soll der Hund draußen Menschen anspringen.

Wir möchten Sie gern auffordern, aus den Hausstandsregeln eine Handlungsanweisung zu machen, die für Sie selbst, Ihre Familie und last, but not least für Ihren jungen Vierbeiner verbindlich ist. Jawohl, für alle Beteiligten, nicht nur für den Hund. Denn, wie schon in dem Zitat von Thomas Baumann auf den Punkt gebracht, auch ein Hund hat neben Pflichten auch Rechte, beispielsweise das Recht auf Ruhe. Dies gilt umso dringlicher, je größer der Kreis der Familie ist. Wenn Kinder mit im Haushalt leben, sollten auch sie unbedingt mit einbezogen werden. Das sind Sie Ihren Kindern und dem Hund schuldig.

Hausstandsregeln gelten nie pauschal

Wie ein roter Faden zieht sich durch dieses Buch unsere feste Überzeugung, dass es keine pauschalen Lösungen für individuelle Probleme geben kann. Jeder Hund, jeder Mensch ist anders, und jedes Mensch-Hund-Team ist einzigartig und verdient eine spezifische Betrachtung seiner Beziehung. Außerdem muss natürlich auch beachtet werden, dass jeder Mensch ganz unterschiedliche Bedürfnisse und Vorstellungen im Zusammenleben mit seinem jungen Schnösel zu Hause hat. Den einen stören Hundehaare im Bett und auf der Couch nicht, der andere möchte nicht, dass sein Hund mit in die Küche kommt oder beim gemeinsamen Essen der Familie unter dem Tisch liegt.

Im Zusammenhang mit den Hausstandsregeln fällt auch immer wieder das Stichwort Dominanz, das ja leider immer noch, auch von vermeintlichen Profis, als eine generelle hundliche Eigenschaft bei vielen Vierbeinern fehlinterpretiert wird (siehe Kapitel »Wer ist hier der Boss?«, Seite 86). Das führt dann zu so »unprofessionellen« Pauschalratschlägen wie:

- Der Hund darf nie auf die Couch.
- Der Hund darf nie mit ins Bett.
- Der Mensch muss immer als Erster durch eine Tür gehen.
- Der Mensch muss immer als Erster essen.
- Der Mensch muss, um seine Rangposition zu bekräftigen, vor dem Hund sichtbar eine Mahlzeit einnehmen. Ja, auch den Rat, als Essgeschirr den Hundenapf zu nutzen, haben wir allen Ernstes schon gehört.
- Ein Hund muss immer aufstehen, wenn er im Weg liegt und jemand dort langmöchte.
- Ein Hund darf nie etwas vom Abendessen am Tisch abbekommen.
- Wenn Sie nach Hause kommen, ignorieren Sie Ihren Hund erst einmal einige Zeit.

Sie werden beim Durchlesen dieser exemplarischen, aber durchaus verbreiteten Regeln sicher zu der Auffassung gelangen, dass diese Prinzipien niemals pauschal für beliebige Verhaltensprobleme oder gar als allgemeingültige Regeln für das Zusammenleben zu Hause gelten können. Bei individuellen Problemen allerdings, auf Hund und Halter abgestimmt, können einzelne dieser Regeln in der Tat helfen, die aus dem Lot geratene Mensch-Hund-Beziehung wieder zu stabilisieren, wobei Sie den Rat, vor Ihrem Hund etwas aus seinem Napf zu essen, getrost vergessen können. Eine intakte und gefestigte Mensch-Hund-Beziehung braucht keine starren Regeln! In diesem Fall reicht es aus, nach Bedarf Ver- oder Gebote auszusprechen.

Abschließend eine kleine Anekdote aus unserem Fünf-Hunde-Haushalt: Als wir vor einem Jahr unseren Resthof im südlichen Bayern bezogen, hatten wir uns im Vorfeld darauf geeinigt, unsere Hunde nicht mehr, auch nicht zeitweise, ins Bett zu lassen, weil es mit fünf Hunden dann doch irgendwann zum Platzproblem wird. Also aus rein praktischen Gründen und nicht, um irgendwelche Hausstandsregeln anzuwenden. Alle Hunde akzeptierten diese neue Regel überraschend schnell und ohne nennenswerte Versuche, die Regel zu umgehen.

Just zu dieser Zeit stellten wir beim Beaglerüden Herrn Meier fest, dass der sonst auch unter Ablenkung einwandfrei funktionierende Rückruf der Vergangenheit angehörte. Alle möglichen Versuche und Übungen brachten keinen

> Stimmt die Beziehung zwischen Mensch und Hund, ist die Couch durchaus erlaubt.

Erfolg. Bevor der Herr sich in Bewegung setzte, war auf einmal, genau wie in der Pubertät, alles andere wichtiger. Auch intensive Übungen an der Schleppleine blieben erfolglos, die Motivation des Herrn Meier war weg. Er ließ uns bei allem spüren, dass er uns nun völlig ignorierte. Wir hatten uns schon darauf eingestellt, zukünftig nur noch einen Leinen-Beagle zu haben, da kam der Winter, und es wurde kalt ... Weil Beagles ein extrem gutes Preis-Heizungs-Verhältnis haben, rückte der Platz im Bett in den Hintergrund und die Beagles wieder ins Bett. Als wir am nächsten Tag einige Übungen mit Herrn

Meier machten, erlebten wir eine äußerst positive Überraschung. Gestern noch ein wild an der Schleppleine zerrender Hund, heute ein kurzer Pfiff oder das Kommando »Meier, hier«, und er ließ sich problemlos zurückrufen. Nicht nur an der Schleppleine, sondern genauso im Freilauf. Einige Tage später klappte dies sogar wieder bei einem davonspringenden Reh.
Erst langsam dämmerte uns der Zusammenhang zwischen dem Schlafen im Bett und dem neu erworbenen Gehorsamsvirus, wir es genannt haben. Sie sehen: Kleine Ursache, große Wirkung! Herr Meier dachte sich offenbar:

»Wenn ihr mich nicht wollt, dann mache ich auch mein eigenes Ding«, und hätte sogar vielleicht sein Köfferchen gepackt und wäre abgewandert. Er ist eben ein Hund, dem sein Sozialpartner Mensch extrem wichtig ist und bei dem in diesem besonderen Fall pauschal durchgesetzte Hausstandsregeln dazu geführt hätten, dass die Beziehung zwischen Mensch und Hund stark leidet. Also besser ein Offline-Beagle im Bett als ein Leinen-Beagle überall!

LEINENLUST ODER LEINENFRUST?

Der Mensch, sein junger Hund und die Leine – im Grunde genommen eine gute Ausgangsbasis für einen harmonischen Dreiklang. Warum aber nur kommt es so oft zu einem disharmonischen Missklang? Warum fällt es vielen Hundehaltern so schwer, mit ihrem Hund entspannt und an lockerer Leine in der Natur oder in der Fußgängerzone spazieren zu gehen?

❯ Auch kleine junge Hunde sollten leinenführig sein. Das hilft im Alltag.

Die Orientierung muss von Ihnen ausgehen

Warum gebärden sich so viele Hunde, gerade auch die jungen Schnösel, so wild und ungestüm an der Leine? Unsere Antwort wird Sie vielleicht im ersten Moment verstören, und Sie schütteln erst einmal ablehnend den Kopf. Sie lautet: weil Sie es Ihrem Hund beigebracht haben oder weil Sie von Anfang an, vielleicht auch schon, als Ihr Liebling noch ein Welpe war, ihm nicht gezeigt haben, dass es lohnend und sinnvoll für den kleinen Racker ist, sich an Ihnen zu orientieren. Kaum ein angeleinter Hund orientiert sich von selbst an seinem Besitzer. Warum sollte Ihr Jungspund sich auch beim Spaziergang Ihnen zuwenden, wenn er nie gelernt hat, was die Leine bedeutet? Das aber können Sie ihm zeigen. Die Leine kann – bei richtigem Einsatz – viel mehr sein als ein Hilfsmittel zur räumlichen Begrenzung des jungen Hundes. Im Idealfall ist sie auch ein hervorragendes Instrument, mit Ihrem Pubertätsprotz zu kommunizieren. Deshalb lautet unser Grundsatz, der jeder Leinenführigkeit vorausgehen sollte: Geben Sie Ihrem Hund einen guten Grund, bei Ihnen zu bleiben, wenn er an der Leine ist. Zugegeben, das ist leicht gesagt, doch schwer getan.

Leinenführigkeit beginnt zu Hause

Diese Überschrift wird Sie vermutlich ein wenig irritieren, vielleicht schütteln Sie sogar den Kopf und fragen sich möglicherweise, was denn Leinenführigkeit mit dem Umgang des jungen Hundes im heimischen Umfeld zu tun hat? Zuerst einmal hängt Ihr ganz persönlicher Umgang mit Ihrem Hund in signifikanter Art und Weise davon ab, welches Verhältnis Sie zu Ihrem Hund haben. Denn die meiste Zeit verbringt der Mensch in der Regel mit seinem Hund zu Hause in den eigenen vier Wänden. Auch Ihr junger Hund kennt sicher mittlerweile jeden Winkel der Wohnung, des Hauses und, so vorhanden, des Grundstücks. Es ist also vertrautes Terrain, auf dem sich Ihr Hund und Sie bewegen. Ähnlich ist es im täglichen Umgang. Da sind viele Abläufe automatisiert, laufen gleichsam wie in dem bekannten Film »Und täglich grüßt das Murmeltier« ab. Es gibt das Futter zwei-, manchmal dreimal am Tag zu ähnlichen Zeiten. Auch die täglichen Spaziergänge finden meist zu den gleichen Zeiten und auf immer denselben Wegen statt.

Die Kontaktaufnahme zu Hause wird oft vom Hund initiiert. Er steht, Aufmerksamkeit fordernd, vor einem, fiept, wufft oder bellt, was die junge Kehle hergibt. Man sitzt gemütlich auf dem Sofa, freut sich auf einen gemütlichen Leseabend mit dem neuen Buch, und schwups, wie aus dem Nichts heraus, taucht er auf, stupst auffordernd mit der Nase, pfötelt am Knie, beleckt vielleicht die Hand. Alles nur um uns zu signalisieren: »Hallo, hallo, hier bin ich, nimm mich wahr, kümmere dich gefälligst um mich!« Die häufigste Reaktion der Hundehalter in diesen Fällen? Nun ja, Sie ahnen es schon. Der Hund wird angesprochen, gekrault, gestreichelt, gelobt. Freuen wir uns doch riesig, dass wir einen Hund haben, der so gern in unserer Nähe ist, der uns so lieb hat und dies uns auch ständig, immer wiederkehrend zeigt. Oft geschieht die Reaktion auch nebenher, unbewusst, gleichsam routinemäßig. Ihr Tenniehund weiß das genau, beobachtet er Sie doch fast den ganzen Tag und kennt Ihre Reaktionen in- und auswendig.

» Aus dem Heranrufen zum Anleinen kann man ein lustiges Spiel machen.

» Das Anleinen muss immer mit etwas Positivem verknüpft werden.

» Hinhocken beim Anleinen kleiner Junghunde wirkt weniger bedrohlich.

VERZICHTEN SIE AUF DIE FLEXI-LEINE

Wenn Sie einen Hund haben, der stark an der Leine zieht, und Sie eine soge-nannte Flexi-Leine benutzen: Tun Sie sich und Ihrem Hund einen Gefallen. Packen Sie die Rollleine in einen Schrank und kaufen Sie sich eine neue, anderthalb bis zwei Meter lange »normale« Leine! Denn ein Hund, der ständig zieht und mittels Flexi-Leine geführt wird, hat mit seinem Ziehen immer Erfolg. Er wird also nie eine Notwendigkeit verspüren, mit dem Ziehen aufzuhören. Warum sollte er auch? An der Flexi-Leine kommt er ja ohne Weiteres überall hin!

Die meisten haben also gelernt, im Haus wird sich immer um mich gekümmert, ich bin der Mittelpunkt. Im Haus dreht sich alles um ihn, jede Kontaktaufnahme wird positiv quittiert, vielleicht ja sogar auch noch mit einem Futter-brocken. Der junge Hund lernt tagein, tagaus: Ich muss überhaupt nichts tun, auf mich wird auch so immer geachtet, ich brauche meinem Frauchen oder Herrchen keine Aufmerksamkeit zu widmen, die machen das schon.

Warum zieht Ihr Hund? Weil Sie es ihm beigebracht haben!

Draußen, außerhalb des Hauses, soll aber nun auf einmal alles ganz anders sein. Da erwarten Sie zu Recht von Ihrem Hund, dass er sich an Ihnen orientiert, dass er auf Sie achtet, dass er eben nicht an der Leine zieht, wenn er irgendwo etwas Spannendes erkunden möchte.

> Wer geht hier mit wem spazieren? Die Frage stellt sich bei vielen Mensch-Hund-Teams.

Aber das hat er nicht gelernt. Was er gelernt hat, ist, dass Sie ihm bereitwillig überallhin folgen, wohin er auch will. Da zieht er Sie zum nächsten Baum oder Busch, um ihn erst einmal minutenlang detailliert zu untersuchen. Da schnüffelt er an vorbeigehenden Passanten, oder er meint, alle paar Meter die Zäune der Nachbarn markieren zu müssen. Da können Sie noch so entrüstet schimpfen oder an der Leine zerren ... Für einen Moment gelingt es Ihnen vielleicht, die unerwünschten Handlungen Ihres Hundes zu unterbrechen, aber nur wenige Augenblicke später reißt er Ihnen fast den Arm aus, als er urplötzlich auf der anderen Straßenseite einen Artgenossen entdeckt, der trotz fließendem Autoverkehr unbedingt persönlich begrüßt werden muss. Nur gut, dass Sie Ihren jungen Wilden sicher an der Leine haben ...

Überlegen Sie sich doch einfach, wer mit wem spazieren geht, wer wen bewegt. Klar darf auch ein Hund an der Leine hin und wieder schnüffeln oder markieren, aber sicher nicht immer und ständig. Wenn Sie aber jedes Mal auf den Zug Ihres Hundes reagieren, ihm seinen Willen gewähren und entweder stehen bleiben, damit er schnüffeln kann, oder sich von ihm zum Laternenpfahl auf der anderen Straßenseite ziehen lassen, damit er markieren kann, wird Ihr Hund wieder Punkte auf seiner Erfolgsskala verbuchen können und diese Strategie für die Zukunft als erfolgreich abspeichern.

Was ist also zu tun? Wie können Sie Ihrem Jungspund das Ziehen an der Leine abgewöhnen? Wie erreichen Sie, dass er an lockerer Leine neben Ihnen läuft, sich an Ihnen orientiert und sich eben nicht von allerlei Verlockungen rechts und links des Weges ablenken lässt?

> Im Freilauf kann ein Youngster seinen Interessen nachgehen. Das Befolgen des Rückrufs sollte dann aber kein Glücksspiel sein.

Zuvor noch ein paar kurze Anmerkungen, was Leinenführigkeit überhaupt ist. Wir verstehen darunter, dass sich der Hund an Ihnen und der Leine orientiert und aufmerksam den Richtungsänderungen folgt, die Sie vorgeben. Er hängt an der Leine nicht hinterher, läuft an der Leine nicht voraus, bricht nicht zur Seite aus und trippelt nicht vor Ihren Füßen herum. An der Leine nimmt er zwar entgegenkommende Hunde zur Kenntnis, zeigt aber keine Neigung, zu ihnen zu rennen. Dasselbe gilt natürlich auch für Menschen, denen Sie begegnen, wenn Sie mit Ihrem angeleinten Hund spazieren gehen. Ein Hund, der gelernt hat, an der Leine kein Tauziehen mit Ihnen zu veranstalten, trägt eine Menge dazu bei, die Akzeptanz unserer Hunde in der Gesellschaft zu vergrößern.

1

>> Wenn alles andere wichtiger ist als der Mensch, dann wird aus Leinenlust schnell Leinenfrust, und der Orthopäde freut sich.

2

>> Kein Rucken und Zerren an der Leine. Mit deutlicher Körpersprache wird dem jungen Spund angeboten, zum Halter zu kommen.

Wenn Ihr Hund geht, müssen Sie traben

Ein Mensch hat, wenn er sich mit normaler Geschwindigkeit fortbewegt, eine Schrittgeschwindigkeit von etwa drei Stundenkilometern, ein junger Hund, abhängig von seiner Größe, von etwa fünf bis acht Stundenkilometern. An dieser Diskrepanz der Schrittgeschwindigkeiten können Sie erkennen, dass der Hund immer die natürliche Tendenz hat, vor Ihnen zu laufen. Um das zu verhindern, muss er also seine Schrittgeschwindigkeit der Ihren anpassen – und eben nicht umgekehrt. Das erfordert Übung. Hinzu kommt, dass ein Halsband und eine Leine für so neugierige Tiere wie Hunde etwas sehr Unnatürliches sind. Denn eine Leine begrenzt den Radius, das finden die wenigsten Hunde toll.

Gerade wenn Sie einen jungen pubertierenden Ich-mach-was-ich-will-Schnösel ihr Eigen nennen, der noch nicht gelernt hat, wie entspannt es auch für ihn sein kann, einfach an der lockeren Leine neben Ihnen herzutraben, brauchen Sie Geduld, Geduld und noch einmal Geduld. Es gibt viele »Methoden«, einem jungen Hund das Laufen an lockerer Leine beizubringen. Wie anfangs beschrieben, werden wir Ihnen hier nicht »die« Methode vorstellen können, die Ihnen garantiert, dass Ihr Teenie vom Leinenzerrer zum Leinenläufer mutiert. Die Art und Weise, Ihrem Canis pubertus das Laufen an lockerer Leine schmackhaft zu machen, hängt von einer ganzen Reihe von Faktoren ab: Wie lange zieht er schon? Was haben Sie bisher dagegen getan? Welche Art von Leine verwenden Sie? Nutzen

3

4

» Mit übertriebenen Bewegungen erleichtern wir dem Hund zu erkennen, was wir von ihm wollen. Einfühlungsvermögen und Geduld sind Trumpf.

» Die positive Verknüpfung der Leine erleichtert Hund und Halter den Alltag. Regelmäßig geübt, und der Leinenstress ist vergessen.

Sie ein Halsband oder ein Brustgeschirr? Wie ist Ihr allgemeiner Umgang mit dem Hund? Wie konsequent sind Sie im Allgemeinen? Wie belohnen Sie meist Ihren Hund? Und nicht zuletzt, was sind Sie für eine Persönlichkeit? Denn Ihre Persönlichkeit hat ganz viel damit zu tun, wie Sie mit Ihrem Hund umgehen. Wenn Sie einen Hund haben, der stark an der Leine zieht, und Sie selbst Schwierigkeiten haben, ihm dies abzugewöhnen, dann können Sie sich auch ein paar Einzelstunden bei einem erfahrenen Hundetrainer nehmen. Meist reichen drei bis vier Stunden aus, und Sie und Ihr Hund haben, mithilfe des Experten, den Bogen raus. Eine mögliche Art der Leinenführigkeit, die überwiegend mit der eigenen Körpersprache arbeitet, zeigen wir Ihnen in der Bilderfolge auf

diesen Seiten. Wir haben mit unserem Weg, die eigene Körpersprache anzuwenden, in vielen Fällen gute Erfahrungen gemacht. Aber auch nur dann, wenn wir uns im Vorfeld intensiv mit Hund und Halter beschäftigt haben.

Wenn Sie mit Ihrem Youngster Leinenführigkeit üben, und das sollten Sie, wenn es notwendig ist, regelmäßig tun, genügen oft schon zwei bis drei kurze fünf- bis zehnminütige Übungssequenzen am Tag. Auf keinen Fall sollten Sie einen stundenlangen Übungsmarathon veranstalten. Das ist wenig effektiv, langweilt Ihren Hund und sicher auch Sie selbst. Aber regelmäßige kleine Übungseinheiten in den täglichen Spaziergang eingebaut, machen aus Leinenfrust rasch Leinenlust. Gemeinsames Üben macht Spaß und stärkt die Umweltsicherheit Ihres Hundes.

DER UMGANG MIT DER SCHLEPPLEINE

Eine Schleppleine ist Ihr verlängerter Arm, denn im Gegensatz zur normalen Führleine ist eine Schleppleine deutlich länger. Sie ist eine ideale Mischung aus Freiraum für den jungen Hund und der Möglichkeit, sich erfolgreich gegenüber dem Youngster über größere Entfernung hinweg durchzusetzen und einen jungen Hund auf Distanz sicher zu kontrollieren. Die Schleppleine dient der Absicherung und hilft Ihnen, dem Hund gegenüber die Verbindlichkeit des Rückrufs zu verdeutlichen.

Gewöhnung an die Schleppleine

Wenn Sie eine Schleppleine bei Ihrem Hund einsetzen wollen, können Sie diese zur Einge-wöhnung positiv belegen. Eine Möglichkeit wäre es, den Hund immer, wenn Sie ihm zu

❯ Das Handling der Schleppleine erfordert einiges an Geschick. Wer übt, gewinnt.

Hause sein Futter geben, an die Schleppleine zu nehmen. Auch wenn Sie zu Hause mit ihm spielen oder kuscheln, können Sie die Schlepp-leine anlegen. Oder beim Spaziergang an der »normalen« Leine sollten Sie, zur Eingewöh-nung, den Hund an die Schleppleine nehmen. Dann lassen Sie diese natürlich schleifen. Wir empfehlen Ihnen für Ihren jungen Hund, abhängig von Größe oder Alter, fünf bis zehn Meter. Empfehlenswert sind Schleppleinen aus Biothane. Dieses Material ist schmutzabweisend, einfach zu reinigen, reißfest, und ein Verknoten der Leine ist nahezu unmöglich.

Zur Sicherheit

Haben Sie einen jungen Hund, den Sie kaum »bändigen« können, nutzen Sie beim Umgang mit der Schleppleine immer ein gut sitzendes Brustgeschirr, um Verletzungen, besonders der Halswirbelsäule, beim Hund zu vermeiden. Auch sollten Sie in diesem Fall zu Ihrem eigenen Schutz Handschuhe tragen. Ansonsten benutzen Sie ein gut sitzendes, breites Halsband. Wichtig: Wenn junge Hunde miteinander spielen, lösen Sie die Schleppleine! Andernfalls ist das Verletzungsrisiko viel zu groß. Für alle, die den Umgang mit der Schleppleine meiden, weil sie ihn nervig finden, zitieren wir abschlie-ßend den bekannten Hundetrainer und Wolfs-forscher Günther Bloch: »Ein Jahr Schleppleine, zehn Jahre Freiheit für den Hund.«

HILFE, MEIN HUND WIRD SELBSTSTÄNDIG!

Ach, war das bisher schön. Der tägliche Spaziergang mit dem jungen Racker machte allen Beteiligten Riesenspaß. Ihr Teenie folgte Ihnen auf Schritt und Tritt, auch wenn er mal »offline« unterwegs war. Hin und wieder schnüffelte er mal ein wenig, spielte mit einem herabfallenden Blatt oder nagte an einem Stück Holz herum. Wie in der Hundeschule gelernt, haben Sie sich hingehockt und ihn mit freundlicher Stimme gerufen, und schon kam der kleine Wirbelwind angerast. Sie haben ihn mit einem »Hey, toll«, einem kurzen Streicheln oder auch mal mit einem Leckerchen belohnt. Wenn es nach Ihnen gegangen wäre, hätte das alles für immer so bleiben können. Aber Wunsch und Wirklichkeit gehen nicht immer Hand in Hand. Denn von einem auf den anderen Tag ist alles ganz anders. Der Drang, immer neugieriger die Umwelt intensiver zu erkunden, in der Fachterminologie Explorations-, also Neugier- und Erkundungsverhalten genannt, wird bei Ihrem Youngster stärker und stärker. Alles um Ihren Jungspund herum ist auf einmal viel spannender und interessanter als Sie. Aber warum ist das so? Warum verändert sich, meist schlagartig, das Verhalten Ihres jungen Lieblings?

Der große Freiheitsdrang: Der Wolf macht's vor

Bei der Beantwortung dieser Frage hilft uns ein Blick auf das Verhalten des Wolfs und erstaunlich ähnliche Beobachtungen der vergleichenden Verhaltensforschung bei verwilderten Haushunderudeln zum Beispiel durch Günther Bloch in Kanada beziehungsweise der Toskana. Die Welpen von frei lebenden Wölfen verlas-

> Die Pubertät des Hundes ist auch die Zeit des Ausprobierens. Der Aktionsradius wird größer.

sen im Alter von etwa vier Wochen erstmals die Wurfhöhle, verbringen dann einige Zeit in unmittelbarer Nähe und werden dann von der Mutter im Alter von etwa acht Wochen an einen sogenannten Rendezvousplatz gebracht. Dort halten sie sich etwa bis zur 14. bis höchstens 20. Lebenswoche auf. Erst danach beginnen die jungen, jetzt in die Pubertät gekommenen Wölfe damit, die nähere Umgebung der Wurfhöhle und des Rendezvousplatzes neugierig zu erkunden. Bis zu diesem Zeitpunkt sprechen Verhaltensbiologen von einer sogenannten Ortsbindung. Erst danach bildet sich die Fähigkeit und die Bereitschaft aus, sich auch an ein anderes Individuum zu binden. Analog gilt dies auch für unsere Haushunde. Dies ist auch der Grund dafür, dass Experten wie der Wolfsforscher Günther Bloch und der Verhaltensbiologe Dr. Udo Gansloßer empfehlen, mit jungen Welpen möglichst in den ersten Wochen im neuen Zuhause immer wieder den gleichen Spazierweg zu gehen, um die dem Welpen angeborene Fähigkeit zur Ortsbindung auszunutzen.

Sie sehen, das Neugier- und Erkundungsverhalten Ihres in die Pubertät gekommenen jungen Hundes hat eine verhaltensbiologische Ursache. Parallel dazu beginnt der junge Hund, eine Bindung zu Ihnen als einzige Bezugsperson aufzubauen. Bei anderen, nicht persönlich bekannten Menschen beginnt der junge Hund zu fremdeln. Auch diese Fremdelphase ist verhaltensbiologisch sinnvoll: Für einen fünf bis sechs Monate alten Welpen kann es lebensbedrohlich sein, auf einen plötzlich auftauchenden Kojoten freudig zuzulaufen, nach dem Motto: »Servus, ich bin ein kleiner Wolf, und wer bist du?«

Doch zurück zum Freiheitsdrang Ihres Canis pubertus. Da dieser, wie bei Wölfen, genetisch fixiert ist, können wir dieses Verhalten nicht verhindern. Aber wir können als verantwortungsbewusste und sachkundige Hundehalter dieses Verhalten managen. Dabei hat sich ein Hilfsmittel ganz besonders bewährt: die Schleppleine. Sie ist ein ideales Instrument, um einen jungen Hund im Alltag abzusichern, wenn ein Freilauf noch nicht möglich ist.

VORTEILE EINER HUNDEPFEIFE

Es gibt einige Gründe, warum fast alle Hunde besser auf eine Hundepfeife hören als auf die Stimme ihres Besitzers:
- Der Ton bleibt immer gleich.
- Das Signal ist neutral und emotionslos.
- Es ist keine Verwechslung möglich, wie bei »Fein« und »Nein«.

❯ Entdeckungsfreude kennzeichnet die Pubertät – bei großen wie bei kleinen Rassen.

Der Kniff mit dem Pfiff

Eine weitere Möglichkeit, den jungen Wilden in seinem Freiheitsdrang ein wenig zu kontrollieren, ist der Einsatz einer Pfeife. Ist Ihr Hund auf den Ton der Pfeife konditioniert, haben Sie ein gutes Instrument in der Hand, Ihren Hund auch draußen in der Natur, sogar in Situationen, in denen er abgelenkt ist, zu kontrollieren. Wir empfehlen, den Einsatz der Pfeife, wenn Sie unterwegs sind, anfangs mit einer Schleppleine abzusichern. Doch zuerst sollte der junge Hund auf den Ton der Pfeife konditioniert werden. Das können Sie zunächst gut zu Hause im Wohnzimmer oder im Garten trainieren, weil Sie dort in reizarmer Umgebung üben können. Der junge Hund ist weniger abgelenkt und kann sich effektiver auf Ihre Übungseinheiten konzentrieren. Auch dabei gilt der Grundsatz: kürzer, aber dafür öfter. Drei bis vier Trainingseinheiten von vier bis fünf Minuten reichen.

So geht's

Setzen Sie sich auf einen Stuhl, eine Handvoll Leckerchen griffbereit und eine Signalpfeife zur Hand. Rufen Sie Ihren Hund zu sich. Kommt er zu Ihnen, belohnen Sie ihn mit einem Futterbrocken. In dem Moment, in dem er das Leckerchen nimmt, pfeifen Sie kurz. Dies wiederholen Sie 10- bis 15-mal, 2- bis 3-mal am Tag über einen Zeitraum von etwa einer Woche. Bereits nach recht kurzer Zeit können Sie meist das Rufkommando schon weglassen. Wenn Sie über einen Garten verfügen, können Sie nach 2 oder 3 Tagen die Übungseinheit dorthin verlegen. Dort ist Ihr Hund schon stärkeren Ablenkungen ausgesetzt. Sichern Sie ihn deswegen auch im Garten mit einer Schleppleine. Damit verhin-

dern Sie, dass Ihr Youngster andere Interessen verfolgt – in dem Fall ziehen Sie ihn mit der Leine zu sich – und lernt, dass er nicht unbedingt kommen muss. Außerdem soll der Hund weiter an die Schleppleine gewöhnt werden und sie als etwas ganz Normales empfinden. Wenn Ihr junger Hund zuverlässig auf Ihren Pfiff hin zu Ihnen kommt, dann sollten Sie die täglichen Übungseinheiten nach draußen verlegen. Üben Sie nicht immer an den gleichen Orten und wechseln Sie die Spazierwege. Je besser nämlich sich ein Hund in einer Gegend auskennt, desto eher ist er geneigt, sich nicht an Ihnen zu orientieren. In unbekanntem Gelände orientieren sich gerade Hunde, die nicht vor Selbstsicherheit strotzen, mehr an ihrem Halter.

> ## LECKERCHEN BEIM PFEIFENTRAINING
>
> Setzen Sie Leckerchen anfangs ruhig bei jedem erfolgreichen Rückruf an der Schleppleine ein. Nach einigen wenigen Tagen sollten Sie aber die Gabe von Futterbrocken nach und nach reduzieren. Loben Sie stattdessen verbal oder durch ein kurzes Streicheln des Halsbereiches oder lächeln Sie Ihren Hund nur an. Die Spannung und Erwartungshaltung Ihres jungen Hundes werden erhöht, weil er nicht genau weiß, was passiert oder was er verpassen würde, und es besteht nicht die Gefahr, dass sich Lob mittels Leckerchen abnutzt.

Der Übungsaufbau draußen auf einer Wiese oder einem Feldweg unterscheidet sich nicht von dem Ablauf, den Sie bisher mit Ihrem Hund geübt haben. Wichtig ist aber, dass sich Ihr Hund lösen kann, bevor Sie mit ihm anfangen zu üben. Weiterhin können Sie von Ihrem Hund verlangen, dass er sich während der einzelnen Übungen voll und ganz auf das konzentriert, was Sie gerade mit ihm trainieren. Das bedeutet aber auch für Sie, dass Sie voll bei der Sache sein müssen. Ihr Hund wird nämlich sofort merken, wenn Sie abgelenkt sind und sich nicht auf ihn konzentrieren. Diese Unkonzentriertheit wird rasch auf Ihren Vierbeiner übertragen. Der Trainingseffekt wäre gleich null. Draußen auf einer Wiese oder einem Feldweg sind die Ablenkungen natürlich viel stärker als bei Ihnen zu Hause. Aber da sie in ablenkungsarmer Umgebung ja schon fleißig gemeinsam trainiert haben, wird Ihrem Youngster der Übergang zu einer reizstärkeren Umgebung hoffentlich leichtfallen. Wieder sind Zeiteinheiten von etwa zehn Minuten pro Spaziergang völlig ausreichend. In dieser Zeit müssen Sie allerdings alles unterbinden, was nichts mit dem Trainingsziel, sondern

ausschließlich mit dem »Privatvergnügen« Ihres Hundes zu tun hat: Also sind Schnüffeln, Markieren, Buddeln und Ähnliches tabu. Wenn Sie dauerhaft konsequent sind, wird Ihr Hund schnell merken, dass er mit den kleinen Unaufmerksamkeiten nicht durchkommt.

Beenden Sie die Übungsphase mit einem kleinen Ritual, sodass auch Ihr junger Hund merkt, dass er nun ab sofort seinen eigenen Interessen nachgehen kann. Für dieses Ritual sind Ihrer Fantasie keine Grenzen gesetzt. Eine Möglichkeit von vielen wäre: Sie rufen Ihren Hund heran, loben und streicheln ihn ausgiebig und beginnen ein Zerrspiel mit ihm. Sie können auch als Belohnung mit Ihrem Hund ein wenig raufen, denn viele Hunde lieben das körperbetonte Spiel. Zusätzlich tun Sie auch noch etwas für die Bindung zu Ihrem Hund.

Sicherlich wird es immer wieder mal zu Rückschlägen kommen, und Ihr Hund wird Sie geflissentlich ignorieren, wenn Sie ihn rufen. Wenn Ihr Pfiff ungehört verhallt, machen Sie bitte nicht den Fehler, ungehalten oder gar laut zu werden, denn Ihr Hund hat ein supergutes Gehör. Er hat sie, hormonell bedingt, tatsächlich nicht gehört oder ignoriert Sie bewusst, weil das, was er gerade tut, ihm wichtiger ist, als freudig zu Ihnen zu laufen. Machen Sie ein bis zwei Minuten Pause und beginnen Sie dann mit der Übung von vorn. Erst wenn der Rückruf an der Schleppleine in neun von zehn Fällen problemlos klappt, sollten Sie sich für den Rückruf ohne Schleppleine entscheiden. Aber Vorsicht! Beginnen Sie ohne Leine in ablenkungsarmer Umgebung, ansonsten ist die Gefahr zu groß, dass Ihr Hund doch lustvoll und hormondurchflutet einem Hasen hinterherhetzt.

WENIGER UND KÜRZER IST MEHR!

Nehmen Sie sich lieber kurze, drei bis fünf Minuten andauernde Übungseinheiten vor als eine 30-minütige stereotype Wiederholung von ein und derselben Übung.

Jungspund auf großer Jagd

Zum großen Freiheitsdrang des pubertierenden Hundes gehört auch das aufkeimende Interesse an der Jagd. Fast jeder Hund und ganz sicher die meisten jungen Hunde jagen gern, ist es doch in hohem Maße selbstbelohnend. Dabei sollten Sie wissen, dass die weitverbreitete Meinung, der Hund habe einen sogenannten Jagdtrieb, heutigen verhaltensbiologischen Erkenntnissen nicht mehr standhält. Die zeitgenössische Forschung geht mittlerweile davon aus, dass es lediglich zwei triebgesteuerte Verhaltenskreise bei unseren Haushunden gibt: das Sexualverhalten und stoffwechselbedingte Verhaltensweisen, also zum Beispiel das Absetzen von Harn und Kot. Jagen gehört nicht dazu. Aber jagen macht den meisten Hunden Spaß. Verständlich, denn allein das Hetzen versetzt den jungen Jäger in einen fast rauschhaften dopamingetränkten Zustand. Dieses Verhalten zu ignorieren, hätte fatale Folgen – und zwar für den Hund, das Reh, den Hasen, Jogger, Radfahrer oder im schlimmsten Fall für davonlaufende Kinder.

Haben Sie einen solchen Junghund, zumal noch von einer Rasse stammend, die auf bestimmte Sequenzen des Jagdverhaltens selektiert wurde, wie Beagles, Magyar Vizsla, Cockerspaniel oder Weimaraner, dann sollten Sie sich damit aktiv auseinandersetzen. Die Möglichkeiten, einen Hund in seinem Jagdverhalten zu kontrollieren, würden den Rahmen dieses Buches sprengen. Wir empfehlen Ihnen wiederum, den Rat eines kompetenten Trainers einzuholen. Aber lassen Sie sich nicht von dem Versprechen blenden, dass Ihrem jungen Hund das Jagen komplett abgewöhnt werden könne. Sie können Jagdverhalten höchstens kontrollieren lernen.

> Rasseabhängig ist die jagdliche Motivation des jungen Hundes unterschiedlich ausgeprägt.

> Einmal im Jagdmodus, vergisst der Youngster die Welt um sich herum.

> Einige Hunderassen wurden speziell für das Apportieren aus dem Wasser gezüchtet.

STUBENREINHEIT ADE!

Erinnern Sie sich noch an die Zeit in der Welpenspielstunde, als Sie mit stolzem Blick Ihren Mitstreitern erzählten: »Seit gestern ist er stubenrein!« Sie genossen bestimmt die neidvollen Blicke der anderen, die seufzend fragten: »Wie hast du das denn geschafft?« Und heute, wenige Monate später, sitzen Sie gemütlich mit Freunden beim Nachmittagskaffee, als Sie urplötzlich sehen: Ihre geliebte Fellnase wässert beinchenhebend die Bodenvase. Den Vorfall haben Sie bereits wieder vergessen, als Sie am nächsten Morgen in die Küche kommen und

Ihnen ein unangenehmer Duft entgegenweht, weil Ihr junger Hund sein Häufchen ausgerechnet unter dem Küchentisch platzieren musste. Und langsam dämmert Ihnen die Erkenntnis: »Stubenrein war vorgestern.«

Ein gesundheitliches Problem?

In manchen Fällen kann der unerwünschten Stubenunreinheit eine medizinische Ursache zugrunde liegen. Zum Beispiel kommt es gar nicht so selten vor, dass eine bereits in jungem Alter kastrierte Hündin als Folge dieses Eingriffs inkontinent geworden ist. Aber auch Erkrankun-

》 Beim Spielen in der Wohnung kann auch schon mal die volle Blase vergessen werden.

》 Wenn der Mensch jetzt nicht eingreift, kann es auch eine Pfütze geben.

FACEBOOK FÜR HUNDE

In einer Studie von 2011 beobachtete der amerikanische Verhaltensbiologe Charles Snowdon von der University of Wisconsin, dass Hunde geschlechtsunabhängig regelmäßig die gemeinsamen Pinkelstellen untersuchten. Markieren und Gegenmarkieren wurde sowohl von Rüden als auch von Hündinnen gezeigt. Dieses »Zeitunglesen« oder »Facebook« für Hunde dient der Informationsgewinnung über die Urheber der duftenden Hinterlassenschaften. Zuerst einmal lässt sich eindeutig am Geruch erkennen, welches Geschlecht vor einiger Zeit hier zu Besuch war und, falls es sich um eine Hündin handelt, in welchem Stadium des Zyklus sie sich gerade befindet. Weiterhin kann erschnüffelt werden, ob eine Hündin tragend ist oder ob sie zurzeit Welpen säugt. Auch alte Bekannte werden am Duft wiedererkannt – sogar dann, wenn sie sich nur gelegentlich treffen. Das funktioniert also quasi ähnlich wie ein Facebook-Profil. Wer neu dazukommt, weiß genau, wer bereits da war. Datenschutzbestimmungen werden auch hier gänzlich außer Gefecht gesetzt.

gen der Blase oder Nieren können ursächlich sein. Sie sollten also vor dem Beginn möglicher verhaltensregulierender Trainingsmaßnahmen immer eine diagnostische Abklärung durch einen Tierarzt vornehmen lassen.

Tatsächlich vergessen

Erinnern Sie sich daran, welche tiefgreifenden Umbauarbeiten in der Zeit der Pubertät im Hundegehirn stattfinden. Altbekanntes wird infrage gestellt oder ist schlichtweg aus dem Gedächtnis verschwunden. So kann es also passieren, dass Ihr Jungspund schlicht und einfach »vergessen« hat, dass der Platz zum Lösen sich immer außerhalb der Wohnung oder des Hauses befindet. Abhilfe schafft in solchen Fällen meist ein Sich-Rückbesinnen auf die Zeit, in der Sie Ihren Welpen stubenrein bekommen haben. Also schnappen Sie sich Ihren Liebling wieder in regelmäßigen Abständen, alle vier Stunden etwa, und gehen mit ihm auf eine Gassirunde.

Wichtig ist dabei, dass Sie wirklich erst zurückkehren, wenn der Hund sich gelöst hat.

Der Duftzaun und der Canis inkontinentus

Eine weitere Ursache für die wieder neu einsetzende Stubenunreinheit kann auch eine beginnende Territorialität sein – und so ein erwachter Gebietsanspruch will, ganz nach Canidenart, auch in den »eigenen vier Wänden« geruchlich markiert werden. Ursache ist in vielen Fällen eine Beziehungsstörung zwischen Ihnen und Ihrem jungen Grenzmarkierer.
Ein Problem in Ihrer Mensch-Hund-Beziehung kann auch »indirekte Stubenunreinheit« zur Folge haben: Junge Hunde, die emotional instabil sind und deren Grundgestimmtheit unsicher oder ängstlich ist, können als Folge von Stress oder auch als Beschwichtigung Harn oder Kot absetzen. In beiden Fällen sollten Sie den Rat eines kompetenten Trainers einholen.

>> Immer wieder mal ein Zerrspiel kann helfen, dass die Schuhsammlung heil bleibt.

>> Zahnende Junghunde nagen an allem, was ihnen vor den Fang kommt.

>> Ein ausgelasteter Jundhund hat weniger Stress und schont die Wohnungseinrichtung.

MEIN HUND MACHT ALLES KAPUTT!

Sie können nicht widerstehen: Im Hundefachgeschäft, das Sie regelmäßig aufsuchen, um sich mit Hundefutter einzudecken, steht dieses wunderschöne Körbchen mit dem farblich abgestimmten Kissen, das wunderbar zum Rest der Einrichtung passt. »Das wird der neue Liegeplatz meines Hundes!« Gedacht, gekauft, mitgenommen und zu Hause gleich an seinen neuen Platz gestellt. Ihr junger Stürmer und Dränger nimmt den neuen Liegeplatz auch neugierig schnüffelnd in Beschlag. Alles ist gut.

Alles? Als Sie einige Zeit später von einem kurzen Einkauf beim Bäcker in Ihre Wohnung zurückkommen, trifft Sie der Schlag: Der Inhalt des Kissens ist weiträumig im Wohnzimmer verstreut, der Rand des Körbchens zeigt deutliche Nagespuren, und inmitten des ganzen Chaos liegt, zufrieden und schwanzwedelnd, Ihre junge Fellnase. Gerade noch gelingt es Ihnen, den aufschäumenden Ärger zu unterdrücken, denn für diese Art der innenarchitektonischen Umbaumaßnahmen fehlt Ihnen nun wirklich jegliches Verständnis. Am liebsten würden Sie den Rabauken an die Wand werfen.

Am nächsten Tag sind Sie wie immer am Vormittag Ihrer beruflichen Tätigkeit nachgegangen und bemerken beim Nachhausekommen, dass Ihr Canis pubertus sich auf seine ganz eigene Art fortgebildet hat: Ihr neu erworbenes Buch über moderne Methoden in der Hundeerziehung liegt in seine Einzelteile zerlegt und völlig zerkaut unter dem Küchentisch. Sie sind frustriert, und es drängt sich die Frage auf, ob Sie nun zukünftig alles wegräumen und nichts mehr herumliegen lassen dürfen.

Die Frage nach dem Warum?

Für die plötzliche Zerstörungswut eines heran-wachsenden, pubertierenden Hundes gibt es verschiedene Ursachen. Zunächst kann es sein, dass sich Ihr Jungspund mitten im Zahn-wechsel befindet (siehe Seite 194). Der Hund, der ja schlecht sagen kann: »Bring mich mal zum Zahnarzt«, hilft sich nun selbst, indem er intensiv und lang anhaltend auf allen möglichen Gegenständen herumkaut. Hier können Kau-artikel wie Ochsenziemer oder Büffelhautkno-chen, die Sie im Fachhandel bekommen und auf denen der junge Hund nun nach Herzenslust herumknautschen kann, Abhilfe schaffen. Möglich ist auch, dass sich Ihr heranwachsen-der Hund schlicht und einfach langweilt: Er ist körperlich wenig ausgelastet und auch, das wird häufig übersehen, geistig unterfordert. Dann sind Sie gefragt, für ausreichend körperliche Auslastung und vor allem geistige Beschäfti-gung zu sorgen (siehe Seite 145). Lassen Sie ihn sich mehrmals in der Woche richtig auspowern (Vorsicht, nicht übertreiben!). Fordern Sie ihn mental, beschäftigen Sie seine Nase mit Such-spielen (dies geht auch prima zu Hause), legen Sie eine kleine Fährte im Garten oder unterwegs beim Spazierengehen, oder verstreuen Sie sein Futter weiträumig im Garten, und lassen Sie es ihn zusammensuchen, anstatt ihn langweilig aus dem Napf zu füttern. Rangeln und zergeln Sie mit ihm. Auch ein kurzes, immer wieder in den täglichen Gassigang eingebautes Gehorsams-training fordert Ihre ungestüme Fellnase. Kurzum, befriedigen Sie sein Bedürfnis nach Beschäftigung und sozialer Interaktion.

Wenn Ihr Hund trotz guter Auslastung und Beschäftigung und ausreichender Ruhephasen immer noch an Tischbeinen nagt oder Türzar-gen schreddert, wenden Sie sich an einen kom-petenten Trainer, der auch Hausbesuche macht.

❯ Zahnen schmerzt. Soziale Unterstützung hilft dem Youngster dabei.

WENN DAS ALLEINSEIN PLÖTZLICH NICHT MEHR KLAPPT

Ein häufig auftretendes Problem gerade bei jungen Hunden ist, dass sie nicht allein bleiben wollen. Zuerst möchten wir für dieses Verhalten um Verständnis werben, denn Hunde sind ausgesprochen soziale Lebewesen. Die meisten fühlen sich am wohlsten, wenn sie mit ihrem »Rudel« zusammen sind. Allerdings gibt es auch Ausnahmen, nämlich Hunde, denen das soziale Miteinander mit ihren Menschen nicht wichtig ist. Aber für den Großteil der Hunde ist das Alleinbleiben zu Hause erst einmal mit unangenehmen Gefühlen verbunden, und diese Gefühle sollten unbedingt respektiert werden. Doch die wenigsten Hundehalter können ihr tägliches Leben so organisieren, dass sie ihren Hund niemals allein lassen müssen. Im besten Fall hat bereits der Welpe gelernt, allein zu bleiben. Trotzdem kann sich auch dies – genau wie andere Verhaltensweisen – in der Pubertät wieder ändern. Dann kommt Ihnen die Aufgabe zu, durch genaue Beobachtung Ihres jungen Hundes herauszufinden, warum er Probleme mit dem Alleinbleiben hat. Wir werden Ihnen einige mögliche Ursachen erläutern. Bei starken Symptomen von Trennungsangst oder -protest, wie lautstarkes, dauerhaftes Bellen, Fiepen, Winseln oder Urin- und Kotabsatz im Haus, sollten Sie sich die Hilfe eines Trainers holen.

Was steckt hinter Trennungsangst?

Welche Gründe kann es nun geben, die zu Trennungsangst führen können? Ihr Hund ist schon als Welpe nicht ausreichend mit dem Alleinsein konfrontiert worden, hat es also nie gelernt. Oder ein unangenehmes Ereignis, wie ein Gewitter, Baulärm oder andere Geräusche, wurden während dieser Zeit mit dem Alleinsein negativ verknüpft.

Oder Sie haben eine unklare Beziehung zu Ihrem Hund, und er fühlt sich für Sie verantwortlich und akzeptiert nicht, dass Sie ohne seine »Erlaubnis« die gemeinsame »Gruppe« verlassen. Auch eine zu starke Bindung an Sie als Hundehalter, verbunden mit einer unsicheren Grundgestimmtheit, führt zu starken negativen Gefühlen beim Alleinsein.

Individuell helfen

So individuell wie die möglichen Ursachen für Trennungsangst sind auch die hilfreichen Therapieschritte dagegen. Darum an dieser Stelle nur ein paar allgemeine Möglichkeiten, wie Sie Ihren Junghund unterstützen können.

Halten Sie Ihren jungen Hund immer wieder einmal während des Tages innerhalb Ihrer Wohnung oder des Hauses auf Distanz. Durch freundliches, aber bestimmtes, kontrolliertes

BOX ALS RÜCKZUGSORT

Gewöhnen Sie Ihren Hund langsam an die Box und verknüpfen Sie den Aufenthalt darin positiv. Sie können Ihren Liebling beispielsweise in der Box füttern, kraulen, sich neben die Box hocken und sich mit ihm beschäftigen. Dann wird die Box für Ihren Hund zum sicheren Ort. Sie ist nämlich keinesfalls ein Gefängnis, wie viele Menschen annehmen.

» »Ich komme gleich wieder« hat für einen Junghund keinerlei Bedeutung. Alles, was er weiß und spürt, ist: Sie sind weg.

» Gerade für unsichere Hunde kann die Trennung vom Halter puren Stress bedeuten. Helfen können dann nur Geduld und Empathie.

Abweisen zeigen Sie ihm, dass es nicht seine Aufgabe ist, Sie ständig unter Kontrolle zu halten und Ihnen überallhin zu folgen.

Der zeitweise Aufenthalt in einer Hundebox kann ihm helfen, sich zu entspannen und zu beruhigen. Außerdem besteht auch mithilfe der Box die Möglichkeit, dem Hund zu zeigen, dass gelegentliches Alleinsein beileibe nicht das Ende der Welt bedeutet. Hier können Sie dem Jungspund dadurch helfen, dass Sie zunächst nur für kurze Zeit das Zimmer verlassen.

Probieren Sie, ruhige, langsame Musik laufen zu lassen, während Sie fort sind. Auch dies kann zur Beruhigung des Vierbeiners beitragen. Auch Pheromone können helfen, und zwar speziell das synthetisch hergestellte Zitzensuchpheromon, das normalerweise in der Zitzenregion

der säugenden Hündin produziert wird und nicht nur als Wegweiser zur »Milchbar« dient, sondern auch beruhigend wirkt. Diese »Dog Appeasing Pheromone« (DAP) können Sie zum Beispiel in Form eines DAP-Steckdosenzerstäubers kaufen und anwenden. Auf viele Hunde wirkt es auch im erwachsenen Alter noch sehr beruhigend, wenn sie eine entsprechend positive Verknüpfung mit der Welpenzeit haben und nicht aus ungünstigen Bedingungen stammen. Auch andere Gerüche, wie zum Beispiel Lavendel oder Kamille, wirken auf Hunde beruhigend, wie Studien an Tierheimhunden gezeigt haben. Seien Sie bitte nachsichtig mit Ihrem jungen Hund, wenn es ihm schwerfällt, allein zu bleiben. Er empfindet Trennungsängste nicht, um Sie zu ärgern. Oft leidet er wirklich.

> Hunde kommunizieren ehrlich und eindeutig miteinander.

ÜBER DIE KOMMUNIKATION VON JUNGEN HUNDEN

Man kann nicht nicht kommunizieren. Sicherlich kennen Sie diesen Satz des bekannten Kommunikationswissenschaftlers Paul Watzlawick. Diese im Ursprung auf den Menschen gemünzte Aussage gilt aber analog genauso für Hunde und damit natürlich auch für Ihren pubertierenden Schnösel. Wir möchten Ihnen deshalb in diesem Kapitel das Kommunikationsverhalten von Hunden untereinander näherbringen.

Wenn wir Menschen miteinander kommunizieren, nutzen wir dazu in erster Linie unsere Sprache, begleitet von körpersprachlichen Signalen. Diese setzen wir manchmal bewusst, meist aber unbewusst ein. Auch Hunde sprechen miteinander, und zwar immer und zu jeder Zeit. Dabei nimmt allerdings die Stimme (akustisch), also das Bellen, Jaulen oder Knurren, nur einen verschwindend geringen Teil ein. Der überwiegende Teil hundlicher Kommunikation erfolgt über die eigene Körperposition und Gesichtsmimik (optisch), gegenseitiges Belecken (taktil) oder über den Geruch (olfaktorisch).

Damit die Youngster miteinander kommunizieren und die eigenen Absichten dem Gegenüber verdeutlichen können, bedarf es einer Übereinkunft über die ausgesandten Signale. Diese Übereinkünfte sind zu einem nicht geringen Teil bereits genetisch disponiert, der Welpe trägt sie also bereits in sich. Ab dem Tag, an dem der kleine Racker auf die Welt kommt, sendet er Signale aus, die er instinktiv anwendet und auf die seine Mutter reagiert. Im Laufe seiner Entwicklung werden seine kommunikativen Fähigkeiten immer weiter verfeinert. Dabei lernt er auch über das Prinzip von Versuch und Irrtum: Der Welpe, aber auch noch der junge Hund können die einzelnen Vokabeln, aber sie in eine sinnvolle Reihenfolge zu bringen, damit ein verständlicher Satz daraus wird, bedarf einiger Übung. Außerdem kommunizieren Hunde nicht nur mit den Geschwistern oder Angehörigen der eigenen Rasse, sondern auch mit anders aussehenden Artgenossen. Das heißt, sie müssen nicht nur ihre eigenen Ausdrucksmöglichkeiten erlernen und anwenden können, sondern auch noch Dialekte lernen – nicht zu vergessen die ganz andere Sprache von uns Menschen.

Dialekte lernen

Dialekte, fragen Sie sich jetzt vielleicht? Dialekte gibt es doch nur bei uns Menschen! Der Informationsaustausch unter Hunden wird gerade auch durch die körperlichen Besonderheiten der teilweise sehr unterschiedlich aussehenden Rassen »vorformuliert«. Denken Sie nur an die sehr verschiedenen Formen der Ohren: Ein Basset Hound mit seinen langen Schlappohren kommuniziert mit diesen nun einmal anders als ein Deutscher Schäferhund mit Stehohren.

Ähnliches gilt für die sehr verschiedenen Formen und Längen der Ruten. Aus guten Gründen ist im deutschsprachigen Raum mittlerweile das Kupieren, also Abschneiden der Ohren und Ruten, bis auf wenige Ausnahmen verboten. Damit die jungen Hunde ein möglichst breites Spektrum anderer »Hundedialekte« kennenlernen und verstehen können, ist es wichtig, dass sie regelmäßig ausreichenden Kontakt zu Artgenossen anderer Rassen haben. Gehen Sie also mit Ihrem Teenie auf die örtliche Hundewiese, in die Junghundespielgruppen der Hundeschule oder verabreden Sie sich mit Gleichgesinnten zum Hundespaziergang. Beobachten Sie dann Ihren Hund inmitten seiner Artgenossen.

❯ Einzelne »Worte« der Hundesprache sind angeboren. »Sätze« zu bilden, muss gelernt werden.

>> So oder ähnlich überreichen sich zwei Hunde, die sich nicht kennen, ihre Visitenkarten.

>> Kopf- und Körperhaltung, Ohrenstellung, Blickrichtung: Alles ist Kommunikation.

>> Hunde sind Meister im Lesen von Körpersprache. Wir können viel von ihnen lernen.

Hund trifft Hund

Waren bisher die Begegnungen mit anderen Hunden im Grunde nie ein Problem, und das ganz unabhängig davon, ob Ihr Hund angeleint oder freilaufend war, so bemerken Sie seit einiger Zeit, dass sich etwas verändert hat. Wo er gestern noch freudig bellend auf den Spielkumpel zurannte, fängt er heute an, beim Anblick des Artgenossen stehen zu bleiben, den Kopf zu senken oder sogar ins Platz zu gehen.

Oder er beginnt, den anderen mit – wenn auch unsicheren – Blicken zu fixieren, bei manchen richten sich die Rückenhaare zu einer Bürste auf, und/oder der Hundekehle entweicht ein bisher nicht zu hörendes tieferes Knurren. Andere Hunde wiederum klemmen auf einmal ihren Schwanz unter den Bauch, winseln unsicher oder suchen Schutz hinter Frauchen oder Herrchen. Noch unangenehmer sind die jungen Wilden, die plötzlich beim Anblick eines anderen Hundes vom verschmusten Kuscheltier zum Terminator mutieren und wild kläffend nach vorn in die Leine springen.

Das mag für Sie bei einem zwei Kilogramm leichten Chihuahua noch ganz »lustig« sein. Wenn Sie aber stolzer Besitzer eines sechsmonatigen Leonbergers sind, der es schon auf 25 Kilogramm Körpergewicht bringen kann, dann vergeht Ihnen garantiert ganz schnell die »Freude« an so einem munteren Leinen-Rambo. Alle diese Verhaltensweisen, die auch wir zur Genüge kennenlernen durften, haben neben den vielen individuellen Ursachen, auf die wir hier nicht ausführlich eingehen können, jedoch eines gemeinsam: Sie haben auch ihren Grund in den noch nicht fertiggestellten Umbauarbeiten im Hundegehirn Ihres Lieblings.

Fehler vermeiden

Was können Sie nun tun, wenn Sie mit Ihrem Teeniehund in solche oder ähnliche Situationen geraten? Wie immer geben wir Ihnen keine pauschalen Tipps oder Anleitungen an die Hand, denn das wäre unprofessionell und wenig zielführend. Wir können Ihnen aber vermitteln, wie Sie eine Reihe von Fehlern vermeiden, die das Verhalten Ihres jungen Schnösels noch verstärken. Diese Hinweise gelten für fast alle Arten der Hund-Hund-Begegnungen, bei denen Sie Ihren Liebling an der Leine führen.

Wenn auch oft unbewusst und meist nicht gewollt, so passiert es doch immer wieder, dass Hundehalter in diesen Situationen, die sie selbst als sehr unangenehm empfinden, ohne Unterlass auf Ihren Hund einreden: »Hey, mein Kleiner, das ist doch nur der Nachbarhund, den kennst du doch!« Oder: »Ruhig, mein Bester, ruhig, ist doch alles gar nicht so schlimm, du brauchst doch keine Angst zu haben!«

Ganz fatale Folgen kann auch haben, wenn Sie in einer solchen Situation versuchen, Ihren Hund mit einem Leckerchen zu beruhigen. Die Gefahr, dass er eine solche Bestätigung unmittelbar mit seinem Verhalten verknüpft und in seiner aktuellen Gefühlslage – egal ob Angsthase oder Rambo – bestätigt wird, ist viel zu groß. Ebenso falsch wäre es, einen nach vorn in der Leine hängenden Hund mit abrupten, starken Leinenrucken auf sich aufmerksam machen zu wollen oder wieder zurück an die eigene Seite zu zerren. Druck erzeugt Gegendruck!

Genauso kontraproduktiv ist es, den Hund, der ja ein feines Gehör hat, aufgeregt und laut anzusprechen oder gar anzuschreien. All das würde ihn, da seinem Verhalten ja nur allzu oft der Wunsch nach sozialem Kontakt zugrunde liegt, nur darin bestärken weiterzumachen und, im Falle des Anschreiens, ihn nur noch weiter hochpushen. Und das nicht nur heute, sondern auch morgen und übermorgen.

Seien Sie vorbereitet

Was ist also zu tun? Gemäß unserem Motto, wer führen will, muss einen Plan haben, können Sie bereits im Vorfeld überlegen, wie Sie in solchen Situationen handeln wollen. Schließlich kennen Sie Ihren Youngster am besten. Da Hundeverhalten nur individuell modifiziert werden kann, abhängig von der zugrunde liegenden Motivation, einige allgemeine Verhaltensempfehlungen: Nehmen Sie Ihren Hund auf die vom anderen Hund abgewandte Seite, und versuchen Sie, körpersprachlich oder durch Worte, nicht durch Futter, die Aufmerksamkeit Ihres Hundes zu erlangen, machen Sie sich interessanter, als es der andere Hund ist. Gleichzeitig gehen Sie ohne Zögern mit ruhigen Schritten an dem entgegenkommenden Mensch-Hund-Team vorbei.

Wenn Sie feststellen, dass Ihr junger Begleiter unruhig wird oder versucht, nach vorn zu gelangen, drängen Sie ihn sanft zur Seite ab. Wenn dies nicht dazu führt, dass Ihr Rowdy sich auf Sie konzentriert und entspannt neben Ihnen läuft, dann drehen Sie sich kommentarlos um, gehen mit ihm in die entgegengesetzte Richtung und entfernen sich erst einmal von dem reizauslösenden Objekt seiner Begierde.

Weiterhin empfehlen wir Ihnen, wenn Sie dieses Problem selbst nicht lösen können – das ist keine Schande! –, sich an einen kompetenten Trainer zu wenden, der dann individuell mit Ihnen und Ihrem Youngster arbeitet.

Hunde spiegeln unser Verhalten

Nicht nur bei Problemen an der Leine, sondern auch sonst kommt es also sehr darauf an, dass Sie möglichst entspannt, sicher und souverän sind. Denn Hunde, sogar der pubertierende Jungspund, sind hochsensitive Tiere, die über die Jahrhunderte gelernt haben, unsere Stimmungen und sogar feinste Stimmungsveränderungen wahrzunehmen. Sie spüren, ob wir traurig, entspannt, gereizt, verärgert oder fröhlich sind, und reagieren entsprechend unserer Gestimmtheit auf uns – sie spiegeln unser Verhalten. Das gilt für das Zusammensein mit dem Hund zu Hause, aber auch draußen an der Leine und im Freilauf. Dabei wirkt gerade die Leine als zusätzlicher Verstärker Ihrer eigenen Stimmung. Selbst wenn Sie es gar nicht bemerken: Jedes festere Greifen der Leine oder jedes noch so minimale Zurückziehen nimmt Ihr Hund auf und verarbeitet Ihre Reaktion unmittelbar.

Auch Ihre Körperspannung beachtet er: Gehen Sie aufrecht, den Blick nach vorn gewandt oder mit hängenden Schultern, vielleicht trüben Gedanken nachhängend, und Ihr Blick wandert teilnahmslos hin und her? Wirken Sie durch Ihre Körpersprache souverän und selbstsicher? Oder zeigen Sie Unsicherheit und Unentschiedenheit? Hunde können sogar die von uns je nach Stimmungslage ausgesendeten Pheromone riechen, zum Beispiel bei Angst.

Hunde nehmen also selbst feinste Stimmungsveränderungen auf. Verantwortlich dafür sind vermutlich, so die These einiger Wissenschaftler, analog zum Menschen die sogenannten Spiegelneuronen, ein Resonanzsystem im Gehirn. Spiegelneuronen sind spezielle Nervenzellen in der Großhirnrinde, die dafür sorgen, dass wir allein durch das Betrachten eines Vorgangs bei einem anderen Menschen die gleichen Empfindungen wie dieser andere erleben können.

> Der Spiegeleffekt: Entspannte Hundehalter haben entspannte Hunde.

Darum ist zum Beispiel Gähnen ansteckend. Auch das gilt analog für Hunde – gähnen Sie Ihren Kleinen doch mal an, und schauen Sie, was passiert ... Aber nicht einschlafen! Diese Resonanzneuronen werden auch bei Hunden aktuell erforscht. Erste Versuche, die von Dr. Atsushi Senju, Psychologe an der Universität London, und seinem Team durchgeführt wurden, lassen darauf schließen, dass uns auch in dieser Beziehung Hunde sehr ähnlich sind. Für die Wissenschaftler liegt die Vermutung nahe, dass auch Hunde empathische Fähigkeiten besitzen, um menschliche Handlungen interpretieren zu können. Wie Hunde diese Eigenschaft entwickelt haben, ist noch nicht geklärt. Denkbar, so die Forscher, sei eine Anpassung der Hunde in Folge der jahrtausendelangen Domestikation und Selektion auf das Zusammenleben mit Menschen.

Chillen Sie doch einmal mit Ihrem Hund!

Eine gute Möglichkeit der positiven Stimmungsübertragung ist die sogenannte »Chillübung«. Holen Sie Ihren Hund an der Leine nah zu sich heran. Er kann »Platz« machen, sich hinsetzen oder auch einfach neben Ihnen stehen, das ist egal. Wichtig ist nur, dass die Leine locker durchhängt. Nun beginnen Sie intensiv ein- und auszuatmen. Konzentrieren Sie sich ganz auf sich, schließen Sie die Augen und entspannen Sie sich. Sollte Ihr Hund unruhig sein, hin und her trippeln oder sich von Ihnen entfernen wollen, stellen Sie den Fuß auf die Leine und ignorieren Sie sein Verhalten. Bleiben Sie ruhig stehen, atmen Sie weiter. Je nach Temperament, anerlerntem Verhalten oder rassetypischer Außenorientierung wird es einige Zeit dauern,

> Chillen an der Leine. Ruhe beim Menschen erzeugt Ruhe beim Hund.

bis Ihr Vierbeiner sich auf Sie einlässt und ebenso ruhig wird und entspannt. Besteht bereits eine ausreichend gute Orientierung an Ihnen, ist die Zeitspanne natürlich kürzer. Diese Übung kann mit jedem Hund jeden Alters durchgeführt werden. Das Einzige, was Sie brauchen, sind Zeit und innere Ruhe. Sie können diese Übung auch mit einem Markerwort belegen, etwa »Ruhe« oder »Entspann dich«. Nach fünf bis zehn Minuten beenden Sie die Übung und loben Ihren Hund. Gehen Sie in die Hocke, massieren kurz seine Wangen oder loben Sie ihn verbal und gehen Sie dann ganz entspannt gemeinsam ihrer Wege. Diese Übung, immer wieder mal in den Alltagsspaziergang eingebaut, wird die Bindung Ihres Hundes an Sie verstärken. Sie beruhigen Ihren Hund und sich selbst und tragen so dazu bei, Ihr tägliches Miteinander entspannter zu gestalten.

» Fehlverhalten zu ignorieren, führt gerade bei selbstbelohnendem Verhalten zu fatalen Folgen. Hier ist eine helfende Korrektur notwendig.

» Liebevolle Konsequenz hilft Ihrem Hund, in Zukunft auch verbotenen Verlockungen ohne Frustration zu widerstehen.

Ignorieren oder nicht?

Auf deutschen Hundeplätzen, -wiesen und ganz allgemein unter Hundehaltern hören Sie immer wieder, ob gefragt oder zwangsberaten, den Tipp, unerwünschtes Verhalten Ihres Schnösels einfach zu ignorieren und nicht zu kommentieren. Doch gerade das pauschale Ignorieren unerwünschten Verhaltens kann in vielen Situationen das Fehlverhalten noch extremer werden lassen und den Hund eben nicht dazu motivieren, sich zu verändern. So ist es zum Beispiel grundsätzlich falsch, selbstbelohnendes Fehlverhalten eines jungen Hundes zu ignorieren. Außerdem zeigen statistische Auswertungen der Kommunikationsvorgänge in den Studien von Miklósi, dass ein Verhalten beim nächsten Mal verstärkt wiederholt wird, wenn ein Abbruchsi-

gnal ignoriert wird. Wenn der Mensch gar nicht reagiert, weiß Hund ja nicht, ob er überhaupt wahrgenommen wurde. Klingt logisch, oder? Aber was ist denn nun selbstbelohnendes Verhalten? Davon spricht man, wenn die Handlung eines Hundes kein konkretes Ziel hat. »Der Weg ist das Ziel« beschreibt sein Verhalten sehr treffend. Das Erfolgserlebnis für den Jungspund, der auf Ihrem Lieblingsschuh herumkaut, ist die Tätigkeit des Kauens an sich. Denn die beteiligten Botenstoffe wirken als Lernverstärker, sodass eine Belohnung durch den Menschen nicht nötig ist. Wir wissen, dass Kauen oder Knautschen auf einem Gegenstand bei Hunden zu einer Zufriedenheit führt, und zwar umso mehr, je länger die Handlung andauert. Der Hund hat also Ihr neues Paar Schuhe als idealen Kaugegenstand entdeckt. Sollten Sie dieses Verhalten nun ignorieren, so wird Ihr junger Liebling von sich aus das Kauen erst dann einstellen, wenn es ihm zu langweilig geworden ist oder von Ihren Schuhen nur noch die Schnürsenkel übrig sind. Sie können ihm nun, auch das wird häufig geraten, ein Tauschgeschäft vorschlagen. Also die Schuhe eintauschen gegen ein Stück Futter oder etwas anderes sehr Spannendes für ihn. Allerdings hat dieses Tauschen nichts mit einem Führungsanspruch zu tun, den Sie gegenüber Ihrem Youngster haben sollten. Wenn Sie also nicht wollen, dass Ihre Lieblingsschuhe dran glauben, dann verbieten Sie es Ihrem Hund doch einfach: Setzen Sie eine klare Grenze.

SELBSTBELOHNENDES VERHALTEN

Alle Handlungen des Hundes, bei denen die Aktion den Hund bereits belohnt, gelten als selbstbelohnendes Verhalten. Das kann im Einzelnen individuell von Hund zu Hund verschieden sein: Jagen, Buddeln, Kauen, Knautschen und Nagen wirken bei fast allen Hunden selbstbelohnend, auch Bellen kann dazugehören. Das zu ignorieren, ist falsch. Denn warum sollte ein Hund von sich aus etwas lassen, das sein Glückszentrum im Gehirn aktiviert?

> Folgt der Youngster Ihren Wünschen, belohnen Sie ihn reichlich.

HUNDHERUM GESUND

Nur in einem gesunden Körper lebt ein gesunder Geist – das gilt auch für unsere vierbeinigen Lieblinge. Das zu erreichen, ist gar nicht so schwer.

ERNÄHRUNG IST VORBEUGUNG

Die passende Ernährung ist beim jungen Hund enorm wichtig für ein gesundes Wachstum und legt die Grundlage für eine gesunde Zukunft Ihres Lieblings.

AUCH EIN HUND IST, WAS ER IS(S)T

Die Ernährung des Junghundes ist – wie überhaupt die Ernährung des Hundes – ein Thema, das viele Hundehalter sehr verunsichert. Schaut man ins Internet, begegnet man vielen Philosophien, die eher als Ideologien bezeichnet werden müssten – angefangen bei der Art der Fütterung (roh, gekocht, Trocken- oder Nassfutter) über die Häufigkeit bis hin zur kalorienarmen Ernährung von Welpen oder, im Gegensatz dazu, einer extremen Turbomastdiät für Junghunde. Gleich vorneweg zu den Philosophien: Die richtige Zusammensetzung der Nahrung ist entscheidend, nicht der Herstellungsprozess. Die Fütterung sollte, wie alles andere rund um den Hund auch, immer auf den individuellen Hund und seinen Halter zugeschnitten sein. Manche Hunde mögen kein rohes Fleisch, andere kein Trockenfutter. Und es ist auch nicht jedermanns Sache, frischen Pansen in der eigenen Küche zu zerlegen. Ob Sie sich also für das eine oder das andere entscheiden, bleibt Ihnen überlassen.

Falls Sie sich für das Selberkochen oder die Rohfütterung entscheiden, steht dem nichts entgegen. Allerdings sollten Sie sich – vor allem beim wachsenden Junghund – eine bedarfsgerechte Ration berechnen lassen, damit Sie sicherstellen können, dass Ihr Hund weder zu viel noch zu wenig der lebensnotwendigen Nährstoffe bekommt. Denn die gesundheitlichen Schäden sind im einen wie im anderen Fall immens.

Am Bedarf orientieren

In der Wachstumsphase sollte die Fütterung so gestaltet werden, dass der Hund sich optimal entwickeln kann, um bis ins hohe Lebensalter gesund zu bleiben. Denn beim Welpen und Junghund werden die Grundsteine für das gesamte weitere Hundeleben gelegt. Dabei geht es nicht darum, ein möglichst schnelles und extremes Wachstum zu erzielen, sondern ein gesundes und eher langsames Wachstum. Die Endgröße eines Hundes ist genetisch festgelegt.

191

Durch die Fütterung, vor allem den Energiege-halt der Nahrung, lässt sich nur die Wachstums-geschwindigkeit beeinflussen. Ein zu schnelles Wachstum sollten Sie auf jeden Fall vermeiden, denn es ist Gift für die Gelenke und führt zu Fehlstellungen und Skelettproblemen, weil die unausgereiften Knochen das zu rasch anwach-sende Gewicht noch nicht tragen können.

Der optimale Energiegehalt hängt natürlich von verschiedenen Faktoren ab: Es gibt auch unter Hunden sehr große individuelle und auch rassetypische Unterschiede. Außerdem spielen die Aktivität und die Haltung des Hundes eine Rolle. Ein Hund, der auch im Winter viel drau-ßen ist, braucht allein schon für die Wärmepro-duktion jede Menge Energie, und ein aktives Energiebündel benötigt selbstverständlich deutlich mehr Power als eine geruhsame und eher inaktive Couch-Potato.

> Ein gesunder Welpe sollte möglichst nicht nur eine einzige Futtersorte kennenlernen.

Zur Einschätzung der optimalen Futtermen-ge sind also – Sie ahnen es – die pauschalen Fütterungsempfehlungen auf den Verpackun-gen nicht geeignet: Sie stellen lediglich einen Anhaltspunkt oder Richtwert dar. Außerdem müssen Sie daran denken, die allfälligen Lecker-chen von der Futterration abzuziehen.

Eine Wachstumskurve hilft
Optimalerweise lassen Sie sich von Ihrem Tierarzt eine Wachstumskurve für Ihren Klei-nen erstellen, anhand derer Sie das Soll- mit dem Ist-Gewicht vergleichen können. Mithilfe des aktuellen Gewichts des Welpen, seines Alters und des Endgewichts der Eltern kann der Tierarzt berechnen, wie viel der Welpe zu einem bestimmten Zeitpunkt wiegen sollte. Sie können so selbst regelmäßig durch Wiegen Ihres Hundes kontrollieren, ob sein Wachstum auf der Ideallinie liegt. Denn einen Welpen oder einen Junghund, der eine zu energiehaltige Ration bekommt, erkennen Sie in der Regel nicht an seinem »Babyspeck«. Er wird nicht dick, sondern »nur« zu schnell wachsen und dann für sein Alter zu groß und kräftig sein. Über die fatalen Folgen haben Sie ja bereits gelesen. Wachstumskurven der verschiedenen Rassen finden Sie übrigens auch im Internet.

Der Proteingehalt
Als Protein bezeichnet man das Eiweiß, das im Futter enthalten ist. Protein besteht aus ver-schiedenen Aminosäuren, es kann pflanzlichen oder tierischen Ursprungs sein. Dieses Eiweiß wird im Wachstum für den Baustoffwechsel benötigt. Der Bedarf an Protein ist bei Welpen, die von der Muttermilch entwöhnt werden, am

höchsten und reduziert sich dann nach und nach. Mit dem Beginn des Zahnwechsels sinkt der Bedarf an Eiweiß. Viele Futtermittelhersteller orientieren sich daran und bieten für den Junghund Futter mit einem geringeren Proteingehalt als im Welpenfutter an.

Gedeckt wird der Eiweißbedarf durch hochwertige tierische Proteinquellen oder durch eine Kombination aus tierischen und pflanzlichen Proteinen. Durch eine unzureichende Proteinversorgung oder die Fütterung von Protein mit einer unausgewogenen Zusammensetzung an Aminosäuren steigt der Fettansatz. Das liegt daran, dass kompensatorisch vom Organismus mehr Fett eingelagert wird, um die Wachstumsrate nicht reduzieren zu müssen. Diese verringert sich nur unter ganz gravierenden Mangelzuständen – die hoffentlich kein Hund in unseren Gefilden erleiden muss.

Immer wieder falsch beurteilt wird eine eventuelle Überversorgung mit Proteinen. Sehr oft heißt es, dass ein Zuviel an Proteinen ursächlich für Probleme bei der Skelettentwicklung ist. Das ist nicht richtig – Wachstumsprobleme bei jungen Hunden resultieren aus einem Energie-, nicht aus einem Proteinüberschuss.

Nichtsdestotrotz ist eine Proteinüberversorgung nicht empfehlenswert. So ist nämlich nachgewiesen, dass eine zu energie- und eiweißhaltige Ernährung im ersten Lebensjahr ursächlich für die Entstehung von Gesäugetumoren bei Hündinnen ist, und es ist auch bekannt, dass eine Verminderung des Proteingehalts für Abhilfe bei vielen Verhaltensproblemen sorgt.

Sie sehen also, wie überaus wichtig eine bestmögliche Zusammensetzung der Nahrung gerade für einen wachsenden Hund ist.

Kalzium und Phosphor

Wichtig ist auch der Gehalt an Kalzium und Phosphor in einem Futter für wachsende Hunde. Es ist zu beachten, dass nicht einfach »viel« von allen Mineralien im Futter enthalten ist, sondern vor allem das richtige Verhältnis der einzelnen Bestandteile zueinander stimmt. Der Grund ist, dass die Mineralien im Körper

HAUPTWACHSTUM

Das Hauptwachstum eines Hundes findet je nach Rasse bis zum sechsten oder achten Lebensmonat statt, also ungefähr bis zum Beginn der Pubertät.

teilweise von den gleichen Transportsystemen in den Blutkreislauf gebracht werden und um diese »konkurrieren«. Wird zum Beispiel zu viel Kalzium gefüttert, kommt es ebenfalls zu Wachstumsstörungen, weil andere wichtige Mineralien wie Phosphor nicht so gut in das Blut aufgenommen werden können. Daher ist bei vielfach angepriesenen Ergänzungsfuttermitteln für Junghunde, die Kalzium und Phosphor enthalten, Vorsicht geboten! Denken Sie immer daran: Ein hochwertiges Fertigfutter enthält bereits alles, was der Jungspund zum gesunden Wachsen braucht, eine Frischfutterration sollte, wie oben beschrieben, sowieso immer individuell erstellt und berechnet werden. Lassen Sie sich also vor dem Einsatz solcher Ergänzungsmittel unbedingt von Ihrem Tierarzt beraten!

Wie und wann füttern?

Nachdem Sie Ihren Welpen anfangs drei- bis viermal täglich gefüttert haben, können Sie mit Beginn des Zahnwechsels auf zweimal täglich umstellen. Wenn Sie die Fütterungszeiten immer etwas variieren, verhindern Sie, dass der Hund sich darauf einstellt und bereits Stunden vorher in der Küche herumlungert und unruhig wird. Bieten Sie Ihrem Jungspund keinesfalls ein »All you can eat«-Buffet. Die Folgen von zu energiereicher Fütterung haben wir ja bereits besprochen, aber neben diesen Problemen erziehen Sie sich auch noch einen mäkeligen Fresser. Denn wenn immer etwas zur Verfügung steht, hat Hund keinen Anlass, seine Ration auch aufzufressen. Besser ist es, wenn Sie ihm den Napf zweimal täglich für eine Viertelstunde

WENN DIE ZWEITEN ZÄHNE KOMMEN

Hunde werden wie wir Menschen ohne Zähne geboren. Ab der zweiten Lebenswoche brechen beim Welpen die Milchzähnchen durch. Das Milchgebiss besteht aus 28 Zähnen. Zwischen dem vierten und siebten Lebensmonat, also mit Beginn der Pubertät, findet der Zahnwechsel statt. Die Milchzähne fallen aus, die 42 bleibenden Zähne kommen durch. Der Zeitpunkt, wann der Zahnwechsel abgeschlossen ist, ist von der Rasse abhängig. Pauschal lässt sich sagen, dass bei großen Rassen der Zahnwechsel früher abgeschlossen ist als bei kleinen Hunden.

hinstellen und ihn dann kommentarlos wieder wegräumen – wenn Ihr Wauzi nichts gefressen hat, hat er Pech gehabt und wird sich das nächste Mal ranhalten. Außerdem bringt ein Junghund, der die Ressource Futter zu schätzen weiß, im Training durchaus Vorteile …

Der mäkelige Fresser …

Hilfe, mein Hund frisst nichts! Die Pubertät ist die Phase, in der manchmal sogar die verfressensten Hunde vorübergehend zu mäkeligen Fressern werden. Das kann verschiedene Ursachen haben. Zum einen ist das die Entwicklungsphase, in der vieles, auch das Futter, noch einmal hinterfragt wird. In diesem Alter würden frei lebende Junghunde langsam abwandern und sich ein neues Revier suchen. Das neue Umfeld bringt oft auch neue Nahrungsquellen mit sich, sodass eine Überprüfung der bisherigen Nahrungsgewohnheiten biologisch gesehen sinnvoll ist. Darum ist eine vorübergehende Mäkeligkeit in diesem Alter nicht ungewöhnlich.

Ein weiterer Grund kann der Zahnwechsel sein, der manchen Hunden Probleme bereitet. Bei vielen Hunden verläuft der Zahnwechsel so unauffällig, dass der Besitzer kaum etwas davon mitbekommt. Viele ausgefallene Milchzähnchen werden verschluckt, einige finden sich auf dem Fußboden oder in irgendwelchen Kauartikeln – oder aber in den bereits erwähnten Lieblingsschuhen. Bei manchen Hunden verursacht der Zahnwechsel jedoch Schmerzen, oder es kommt zum unvollständigen Ausfall der Milchzähnchen. Wenn das der Fall ist, können die bleibenden Zähne nicht an ihrer normalen Position hochwachsen und werden schief. Vor allem bei Hunden kleinerer Rassen ist dieses Prob-

> Der Zahnwechsel ist auch bei Hunden kein Zuckerschlecken.

lem weit verbreitet. Der betroffene Hund sollte unbedingt dem Tierarzt vorgestellt werden, weil die nicht ausgefallenen Milchzähne oft gezogen werden müssen. Denn nur wenn der Milchzahn Platz macht, kann der bleibende Zahn an der vorgesehenen Stelle nachwachsen.

Hunde, die von diesen Problemen beim Zahnwechsel betroffen sind, fressen häufig sehr zögerlich oder gar schlecht in dieser Zeit und verweigern vor allem Trockenfutter wegen der damit verbundenen Schmerzen. Es reicht oft aus, das Futter in dieser Zeit einzuweichen, damit Ihr Hund wieder gerne frisst.

Prinzipiell gilt aber beim mäkeligen Hund: Bleiben Sie konsequent! Stellen Sie Ihrem Hund das Fressen zweimal täglich hin, und räumen Sie es nach 15 Minuten kommentarlos wieder weg, falls er nicht frisst. Es klingt vielleicht hart, aber seien Sie gewiss: Vor dem vollen Napf ist noch kein gesunder (!) Hund verhungert ...

Begehen Sie nicht den Fehler, Ihrem Futterverweigerer immer etwas noch Besseres und Leckereres in den Napf zu packen, denn damit erziehen Sie sich einen kleinen Gourmet. Hunde sind schlau und registrieren sehr schnell, wenn sie mit der Tour den gewünschten Erfolg haben.

Der Staubsauger ...

Hilfe, mein Hund frisst alles! Wenn Sie ein solches Exemplar Ihr Eigen nennen, könnte es sich um einen Retriever oder einen Beagle handeln. Denn das sind zwei Rassen, die auf eine gute und schnelle Futteraufnahme selektiert wurden, sodass sich unter diesen Rassevertretern viele »Staubsauger« finden. Schaut man sich nämlich den eigentlichen Verwendungszweck eines Retrievers an, so stellt man fest, dass die ursprüngliche Aufgabe dieser Hunde das Apportieren von Federvieh oder Fischernetzen aus eiskaltem Wasser war. An so einem Arbeits-

IDEALGEWICHT IST KEINE ZAUBEREI

Es liegt an Ihnen, bei der Fütterung konsequent zu bleiben und für eine gute Figur beim Hund zu sorgen. »Der schaut aber so hungrig«, ist keine Entschuldigung für einen übergewichtigen Hund, denn die gesundheitlichen Folgen sind genauso fatal wie beim Menschen. Denken Sie nur an Herz- oder Gelenkprobleme. Wollen Sie das für Ihre Fellnase? Beim kurzhaarigen Hund sollte man die Rippen sehen, bei einem langhaarigen sollten sie gut zu fühlen sein, ohne dass man erst eine Speckschicht zur Seite schieben muss. Leider hat man oft den Eindruck, dass ein normalgewichtiger Hund in der Gesellschaft als untergewichtig angesehen wird, wohingegen ein Wonneproppen als gesund und munter gilt.

platz wird sehr viel Energie allein schon für die Produktion von Körperwärme verbraucht. Das bedeutet, dass in der Zucht diejenigen bevorzugt wurden, die in der Lage waren, sich die verbrauchten Kalorien möglichst schnell wieder anzufressen. Und eine isolierende Fettschicht ist bei so einem Job auch kein Nachteil ...

Ähnlich sieht es bei den Beagles aus: Auch bei der Fuchsjagd, bei der die Meutehunde stundenlang im Galopp am Pferd mitlaufen, kommt es zu einem hohen Energieverbrauch, und es ist ganz klar derjenige im Vorteil, der sich die verbrauchten Kalorien über Nacht wieder anfressen kann. Dazu kommt, dass Meutehunde auch in der Meute gefüttert werden: Wer zuerst kommt, frisst zuerst – und am meisten. Wer sich nicht durchsetzen kann, wird auch nicht für die weitere Zucht verwendet. Ein weiteres Zuchtziel bei den Meutehunden war übrigens die Verträglichkeit, auch beim Fressen. Was passiert, wenn man 74 Schäferhunde zusammen füttert, mögen wir uns lieber nicht vorstellen ... Bei Beagles oder Foxhounds ist das kein Problem.

Also sagt allein schon die Rassezugehörigkeit viel über das Fressverhalten unserer Begleiter aus. Aber natürlich gibt es auch Vertreter anderer Rassen, die sich gerne den Bauch mit allem Möglichen vollschlagen. Abhilfe schafft, wie so oft, nur eine konsequente Erziehung.

Verhaltensstörung Pica

Das »Allesfressen« bei Hunden kann auch eine Verhaltensstörung sein: Bei der sogenannten Pica des Hundes handelt es sich um eine Zwangsstörung, die dazu führt, dass Hunde auch ungenießbare Dinge wie Steine, Glasscherben und anderes fressen. Ein betroffener Hund benötigt eine gründliche Ursachenforschung und eine gezielte Verhaltenstherapie.

Eklig, aber harmlos: Koprophagie

Ein weiteres Problem, mit dem viele Halter von Junghunden konfrontiert sind und das für den Halter nicht unbedingt eine Bereicherung darstellt, ist das Kotfressen, die sogenannte Koprophagie. Häufig ist von Mangelerscheinungen die Rede; weil aber dieses Verhalten genauso oft bei ausgewogen ernährten Hunden auftritt, kann man diese Ursache ausschließen. Ein Grund dafür ist sicherlich das Nachahmungslernen, denn die Mutter hält die Wurfkiste penibel rein und frisst die Häufchen des Nachwuchses, sodass die Kleinen dieses Verhalten oft von Anfang an übernehmen. Außerdem sind Hundehäufchen, menschliche Hinterlassenschaften

oder Pferdeäpfel immer noch sehr energiehaltig und werden auch von den wilden Vorfahren unserer Haushunde nicht verschmäht.

KRANKT DAS SKELETT, KRANKT DAS VERHALTEN!

Der Haushund ist nachweislich auf den Wolf zurückzuführen, auch wenn das bei der heutigen Rassevielfalt schwer zu glauben ist. Die 15 000 Jahre Domestizierung haben das Bild des ursprünglichen Wolfes sehr verändert: Vom Chihuahua bis zum Irischen Wolfshund ist alles dabei. Trotz vieler Unterschiede ist dem Hund eins auf jeden Fall erhalten geblieben: die Lust am Laufen, der Drang zur Bewegung! Voraussetzung dafür ist jedoch ein gesunder und gut entwickelter Bewegungsapparat. Leider

❯ Nicht jedes menschliche Nahrungsmittel ist für Hunde geeignet.

IMPFEN UND ENTWURMEN

Schweren Krankheiten kann man vorbeugen. Die Vorsorge durch Impfungen und Entwurmungen sollten Sie nicht vernachlässigen.

Regelmäßige Entwurmungen?

So gut wie alle Hunde werden schon vor der Geburt mit Spulwürmern infiziert. Die in der Mutter ruhenden Larven werden in der Trächtigkeit aktiviert und wandern über die Plazenta in die Leber der ungeborenen Welpen. Nach der Geburt wandern diese weiter in die Lunge und entwickeln sich letztlich im Darm zu geschlechtsreifen Würmern. Ältere Hunde können sich aber auch jederzeit infizieren, zum Beispiel durch das Fressen von Mäusen oder durch Menschen, die die winzigen, nicht sichtbaren Eier an den Schuhsohlen mit in die Wohnung bringen und dadurch verbreiten. Ist ein Hund von Würmern befallen, treten folgende Krankheitsanzeichen auf: Darmentzündungen, Durchfall, Gewichtsabnahme, Blutverlust, Störungen bei der Aufnahme von Nährstoffen, Lungenschäden, Blutarmut und damit verbundene Leistungsschwäche und Mangelzustände. Ebenso sind Veränderungen in Leber, Nieren, Herz und Netzhaut möglich. Wichtig zu wissen ist, dass Wurmkuren nicht vorbeugend wirken, sondern immer nur den aktuellen Wurmbestand des Hundes abtöten. Ein gerade erst entwurmter Hund kann also kurz danach wieder infiziert werden.

Schutzimpfungen

Leider gibt es die in unseren Augen sehr gefährliche Tendenz, Hunde nicht mehr impfen zu lassen. Jeder, der bereits einen Hund hat sterben sehen an einer Krankheit, gegen die man impfen kann, ist froh über die Möglichkeit von Impfungen. Denn diese Krankheiten haben nichts von ihrer Gefährlichkeit verloren, auch wenn sie dank großflächiger Impfprogramme nicht mehr ganz so verbreitet sind! Zumal Letzteres nicht für ganz Europa gilt und unsere Hunde im Urlaub manchmal weit herumkommen.
Über die Notwendigkeit, einen Hund einmal jährlich gegen alle möglichen Krankheiten impfen zu lassen, kann man sicherlich streiten, ebenso bei manchen Impfungen über deren tieferen Sinn. Nicht streiten sollte man jedoch über den generellen Nutzen von Impfungen.

KOTUNTERSUCHUNG

Um den Hund nicht ständig mit der chemischen Keule zu belasten, empfiehlt sich alle drei bis sechs Monate eine Kotuntersuchung auf Parasiten – so können überflüssige Wurmkuren vermieden werden.

KEINE TREPPEN?

Oft hört man den Tipp, den Hund im ersten Lebensjahr keinesfalls Treppen laufen zu lassen. Wichtig ist aber, dass er überhaupt lernt, verschiedene Treppen zu erklimmen, weil dies auch zur besseren Ausbildung des räumlichen Sehvermögens führt. Viele Menschen, die ihre Dogge das erste Lebensjahr jede Stufe hochtragen, spielen draußen unreflektiert mit dem Jundspund Ball. Das ist aber durch das ständige Abbremsen und Losstürmen eine wesentlich größere Belastung für die Gelenke. Auch hier ist also wieder der Mittelweg gefragt, und solange Sie nicht im fünften Stock ohne Aufzug wohnen, sind gelegentlich genutzte Treppen für den Hund kein Problem.

Entzündungsprozessen führen – äußerlich oft erkennbar an Rötung, Schwellung, Wärme und Schmerz, der wiederum zu einer Schonhaltung führt: Der Hund lahmt oder humpelt. Kommt es zum chronischen Verlauf, sind bleibende Schäden des Bewegungsapparates die Folge. Für den Junghund ist das fatal: Es kommt durch diese Krankheiten zu Problemen im Verhalten, weil der Hund in dieser wichtigen Entwicklungsphase manche Erfahrungen nicht machen kann, dadurch dass er geschont werden muss. Oder, beinahe noch schlimmer, er macht die Erfahrung, dass Artgenossenkontakt mit Schmerzen verknüpft ist. Diese mögliche Fehlverknüpfung erzeugt meist bei Beteiligten Stress und kann dann dazu führen, dass bei Begegnungen mit Artgenossen sowohl defensive als auch offensiv aggressive Reaktionen gezeigt werden. Dieses unerwünschte Verhalten kann dann nur mit in der Regel langfristig angelegtem Training verändert werden. Dies erfordert neben Sachkenntnis einen geschulten Blick fürs Hundeverhalten.

zieht schon die Vielfalt der Hunderassen heutzutage einige Erkrankungen nach sich:

- Beim Dackel oder Basset besteht aufgrund des langen Rückens eine Anfälligkeit für Probleme mit den Bandscheiben (Discopathie).
- Bei großen und schnellwüchsigen Rassen wie dem Deutschen Schäferhund oder den Retriever-Rassen besteht ein erhöhtes Risiko für die Hüftgelenksdysplasie oder für Knorpelwachstumsstörungen wie die OCD (Osteochondrosis dissecans).

Übergewicht und Bewegungsmangel tun ihr Übriges, ebenso wie falsche, weil zu energiehaltige Ernährung vor allem im ersten Lebensjahr. Die Folge sind vielfach Funktionsstörungen der Gelenke und Bänder, die wiederum zu

> Ausgewogene Ernährung und altersgemäße Bewegung sind Garanten für eine gesunde Entwicklung.

Erkennen von Gelenkproblemen

Oft ist es gar nicht so einfach, solche Beschwerden zu bemerken, weil Hunde keine »Heulsusen« sind. Sie neigen dazu, Schmerzen nicht zu zeigen, und beißen lieber die Zähne zusammen. Bei manchen Arbeitshunden wurde auch speziell auf eine Schmerzunempfindlichkeit hin gezüchtet, denn ein Meutehund auf der Jagd kann nicht nach zehn Minuten sagen: »Au, ich bin in einen Dorn getreten und möchte jetzt lieber wieder nach Hause.« Er wird im Zweifelsfall auch auf drei Beinen weiterrennen.

Also ist der Hundehalter gefragt, sein Tier genau zu beobachten und auf Anzeichen von Schmerzen zu achten. Diese erkennt man unter anderem daran, dass der Hund auf einmal nicht mehr so viel spielt, sich nicht gerne bewegt, vielleicht keine Treppen mehr laufen mag oder nicht ins Auto springt. Manche Hunde zeigen auch plötzlich eine Abwehrhaltung gegenüber Artgenossen. Häufig bewegen sich die Tiere nach längerem Ruhen zunächst steif, bis sie sich wieder einlaufen. Eine offensichtliche Lahmheit ist immer ein Zeichen dafür, dass etwas nicht in Ordnung ist, und sollte besonders beim Junghund sehr ernst genommen werden.

Im Zweifelsfall sollten Sie immer den Tierarzt Ihres Vertrauens zurate ziehen, der mithilfe einer gründlichen Untersuchung und medizinischer Technik (Röntgen, Computertomografie) beurteilen kann, ob es sich nur um ein »Zipperlein« oder aber ein ernsthaftes Problem im Bewegungsapparat Ihres Lieblings handelt. Wenn Letzteres der Fall sein sollte, sind eine frühzeitige Diagnose und Behandlung immens wichtig, um schlimme Spätfolgen zu verhindern. Denn durch entsprechende Sofortmaßnahmen und die konsequente Umsetzung der Empfehlungen des Tierarztes minimieren Sie das Risiko, dass sich später eine Arthrose bildet. Die

❯ Normalgewichtige Hunde haben seltener Gelenkprobleme.

kurzfristige Einschränkung der Lebensqualität Ihres Youngsters durch die Leinenpflicht zahlt sich später auf jeden Fall in Form von vermehrter Lebensqualität im Alter aus!

Welche häufigen Erkrankungen des Bewegungsapparates gibt es?

Dysplasien sind anatomische Fehlentwicklungen und können prinzipiell in jedem Gelenk auftreten. Eine traurige Berühmtheit hat allerdings die Hüftgelenksdysplasie (HD) erlangt. Das Hüftgelenk besteht aus der Gelenkpfanne und dem kugeligen Kopf des Oberschenkels, die im Optimalfall reibungslos ineinanderpassen. Häufig ist eine Pfanne ungenügend gewölbt oder der Gelenkkopf deformiert oder falsch gewinkelt. Deshalb rutscht der Oberschenkelkopf locker in der Pfanne umher. Die Konsequenz sind Fehlbelastungen, die wiederum zu degenerativen Prozessen am Gelenkknorpel, Entzündungen der Gelenkkapsel und zu Knochenwucherungen führen. Von der Hüftgelenksdysplasie besonders betroffen sind die großen Hunderassen. Eine weitere bei bestimmten Rassen (Retriever) sehr verbreitete Fehlentwicklung ist die Ellbogengelenksdysplasie (ED).

Die Gelenkmaus, korrekt OCD (Osteochondrosis dissecans), ist eine Erkrankung des Gelenkknorpels im Rahmen einer Knorpelwachstumsstörung, bei der sich ein Knorpelstück samt darunterliegendem Knochengewebe vom Knochen ablöst. Diese freie »Gelenkmaus« stört den Bewegungsablauf, ist meist sehr schmerzhaft und führt zu Entzündungen, als deren Folge eine deutliche Lahmheit auftritt.

Der Bänderriss kommt vor allem bei Hunden größerer Rassen und eher in jüngeren Jahren

> Zeigt ein heranwachsender Hund Bewegungsunlust, sollte unbedingt eine tiermedizinische Abklärung der möglichen Ursachen erfolgen.

vor (kleine Hunde sind dagegen vorrangig in späteren Jahren betroffen), am häufigsten am vorderen Kreuzband im Kniegelenk. Nicht selten kommt es durch den Kreuzbandriss zusätzlich auch noch zum Meniskusschaden.

Bei der Luxation der Kniescheibe (Patellaluxation) rutscht die Kniescheibe aus ihrer Rinne, in der sie normalerweise entlangläuft, und findet ihren Platz nicht wieder. Typisch ist, dass die betroffenen Hunde zeitweise oder immer nur auf drei Beinen laufen und ein Hinterbein nach hinten ausstrecken, weil sie es nicht mehr abwinkeln können. Gerade von der Patellaluxation sind sehr viele Kleinhunde betroffen. Sie hat angeborene Ursachen (Fehlstellung von Ober- und Unterschenkel, unzureichende Ausbildung der Kniescheibenrinne).

KASTRATION – JA ODER NEIN?

Oft gilt sie als chirurgische Verhaltenstherapie. Wann die Kastration bei Problemen tatsächlich helfen kann, erfahren Sie in diesem Kapitel.

CHIRURGISCHE VERHALTENSTHERAPIE?

Spätestens wenn Ihr Rüde beginnt, das Bein zu heben, oder die erste Läufigkeit Ihrer Hündin nicht mehr lange auf sich warten lässt, werden Sie mit diesem Thema konfrontiert werden. Gerade bei Junghunden wird dann sehr schnell und leider sehr oft unbegründet zur Kastration geraten, und zwar noch vor Ende des ersten Lebensjahres. Doch das hat gravierende Auswirkungen auf die Entwicklung des Hundes! Deswegen ist es zwingend nötig, sich die zugrunde liegenden Verhaltensweisen, die zu einer Kastration führen können, ganz genau anzuschauen, bevor man sich zu so einem gravierenden und nicht mehr rückgängig zu machenden Schritt und Schnitt entscheidet.

Erziehung statt Frühkastration

Zunächst muss betont werden, dass jede Kastration vor dem Ende der Pubertät als Frühkastration gilt. Bei der Hündin gilt als Faustregel für die Beendigung der Pubertät das Ende der dritten Läufigkeit. Beim Rüden ist es analog dazu das Alter, in dem eine Hündin der gleichen Rasse die dritte Läufigkeit durchhätte.

Die Halter weiblicher Tiere bestätigen alle, dass die Hündin bis dahin einen regelrechten Entwicklungsschub mit jeder Läufigkeit durchmacht und dass sie jedes Mal ein bisschen erwachsener, vernünftiger und reifer wird. Denn was die Pubertät im Gehirn bewirkt, haben wir Ihnen bereits genau in den vorherigen Kapiteln erklärt, genauso wie die Tatsache, dass dieser Lebensabschnitt auch beim Hund ein oft sehr nervenaufreibender ist. Beendet man die Pubertät mit dem Skalpell, schont das zwar eventuell auf kurze Sicht die Nerven, allerdings werden Sie auf diese Weise nie erleben, wie schön das gemeinsame Leben mit einem erwachsenen und souveränen Hund ist. Darum unser eindringlicher Appell: Bitte halten Sie durch, es lohnt sich. Die Kastration ist keine Alternative zur Erziehung!

Alternativen zur Kastration

Die Kastration beim Hund ist nicht alternativlos. Auch wenn viele Tierärzte noch immer dieser Meinung sind. Eine Möglichkeit zur Verhinderung der ungewollten Fortpflanzung ist die Sterilisation. Denn während bei der Kastration bei Rüde und Hündin die Hoden beziehungsweise die Eierstöcke, also die Organe, die Sexualhormone produzieren, entfernt werden, werden bei der Sterilisation nur die Samen- oder Eileiter durchtrennt. So wird die Fortpflanzung unmöglich gemacht, während trotzdem weiterhin Sexualhormone produziert werden.

Oft hört man, dass Rüden kastriert werden, Hündinnen hingegen sterilisiert. Das ist falsch! Es handelt sich um zwei völlig unterschiedliche Operationsmethoden, die jeweils bei beiden Geschlechtern durchgeführt werden können. Eine weitere Möglichkeit ist bei der Hündin die sogenannte Hemi- oder Halbkastration, bei der die Gebärmutter und ein Eierstock entfernt werden. Der andere Eierstock jedoch verbleibt und hält die Hormonproduktion aufrecht. Damit haben die letztgenannten Operations-

methoden keinen Einfluss auf das Verhalten, die Entwicklung und den Stoffwechsel eines Tieres, weil ja die Hormone, die für deren Regulation verantwortlich sind, weiterhin ausgeschüttet werden und ihren Job machen können.

LADIES FIRST: DIE HÜNDIN

Bei der Hündin kommt man nicht umhin, sich auch die medizinischen Ursachen, die oft zu einer (Früh-)Kastration führen, genau anzuschauen, weil sie häufig als Grund angeführt werden.

Mögliche medizinische Gründe

Ganz oben in der Hitliste der Kastrationsgründe rangiert der Gesäugetumor, der zweifelsohne ein Schreckgespenst für Hündinnenhalter ist. Gesäugetumoren sind unter den Krebserkrankungen der Hündin eines der häufigsten Probleme. Etwa 30 bis 40 Prozent aller Tumore bei Hündinnen betreffen das Gesäuge, und die Sterblichkeit liegt bei etwa 60 Prozent in den ersten zwei Jahren nach der Entfernung des Tumors – keine schönen Zahlen. Durch eine Kastration vor der ersten Läufigkeit kann man das Risiko für diese Erkrankung auf 0,5 Prozent gegenüber einer unkastrierten Hündin senken, bei einer Kastration nach der ersten Läufigkeit auf 8 Prozent, nach der zweiten auf 25 Prozent – das ergab eine viel zitierte Studie von 1969. Klingt gut, werden Sie jetzt sagen. Was man aber für die Beurteilung solcher Zahlen braucht, ist die absolute Zahl der Hündinnen, die von dieser Tumorart betroffen sind. Denn je nachdem, welche Altersgruppe und welche Studie man heranzieht, erkranken nur 0,2 bis 1,8 Prozent aller Hündinnen überhaupt an einem

> **KASTRATION OHNE GRUND VERBOTEN**
>
> Die pauschale Kastration von Hunden ohne medizinische oder Verhaltensgründe ist durch § 6 des deutschen Tierschutzgesetzes (der sog. Amputationsparagraf) verboten. Der Tierarzt muss immer im Einzelfall entscheiden.

Gesäugetumor, bei einer vor der ersten Läufigkeit kastrierten Hündin wäre das Risiko also 0,01 bis 0,09 Prozent, bei später kastrierten 0,05 bis 0,5 Prozent. Begründen diese Zahlen einen so gravierenden Eingriff, wie es die Kastration ist? Wir sind der Meinung: nein.

Zudem zeigen neuere Untersuchungen, dass es ganz andere Risikofaktoren zur Entstehung von Gesäugetumoren gibt. So sind eine zu eiweißreiche und/oder zu energiereiche Fütterung und Fettleibigkeit im ersten Lebensjahr sowie die ein- oder mehrmalige hormonelle Unterdrückung der Läufigkeit durch Spritzen als echtes Risiko für die Entstehung von Gesäugetumoren zu sehen. Hündinnen, die beispielsweise im Alter zwischen neun und zwölf Monaten bereits übergewichtig waren, sind auch nach der Kastration wesentlich anfälliger für Gesäugetumoren

als normalgewichtige weibliche Tiere. Denn auch der Hund ist, was er isst ...

Neben dem Gesäugetumor ist die Gebärmuttervereiterung ein weiteres Horrorszenario bei der Hündin. Die sogenannte Pyometra wird meist viel zu spät erkannt und ist dann ein absoluter Notfall. Sie beginnt oft am Ende der Läufigkeit, wird aber vielfach erst Wochen später erkannt, weil nicht immer ein Ausfluss vorhanden ist. Die typischen Symptome wie Temperaturanstieg, vermehrte Wasseraufnahme, häufiges Urinieren, Appetitlosigkeit und Abmagerung sowie die dann zunehmend auftretende Umfangsvermehrung des Bauches werden leider viel zu selten wahrgenommen.

Darauf sollte man also bei seiner Hündin in der Zeit nach der Läufigkeit vermehrt achten. Kommt es tatsächlich zur Gebärmutterver-

> Eine Frühkastration ist immer ein großes Risiko. Sie ist ohne medizinischen Grund abzulehnen.

eiterung, sind zwar medikamentöse Behandlungsmöglichkeiten durchaus gegeben, aber die Kastration und die Entfernung der Gebärmutter ist dann das Mittel der Wahl.

Die vorbeugende Entfernung eines Organs, das erkranken könnte, ist in Deutschland als Indikation für die Kastration nicht erlaubt (siehe Kasten auf Seite 204). Hundehalter sollten vielmehr für die Problematik der Gebärmutterentzündung sensibilisiert werden und die Hündin vor allem in den ersten acht Wochen nach der Läufigkeit genau beobachten.

Scheinträchtigkeit und Scheinmutterschaft

Das Zyklusstadium, das gemeinhin als Scheinträchtigkeit der Hündin bezeichnet wird, ist gar keine, denn zu diesem Zeitpunkt wären die Welpen ja bereits auf der Welt. Richtig müsste es also heißen: die Scheinmutterschaft.

Bei Hundeartigen bleibt der Gelbkörper nach der Läufigkeit auch bei der ungedeckten Hündin bestehen, was zu einem ähnlichen hormonellen Zustand führt wie bei einer gedeckten Hündin. Diese (echte) Scheinträchtigkeit dauert etwa zwei Monate, viele Hündinnen ziehen sich etwas zurück und zeigen häufig ein stärkeres Anlehnungsbedürfnis an den Rest der Familie.

Danach folgt die Phase der Scheinmutterschaft, hier wird unter dem Einfluss des Elternhormons Prolaktin die Hündin auf die Jungtierbetreuung eingestimmt: Sie beginnt Quietschtiere zu bemuttern, Löcher oder Wurfhöhlen in den Golfrasen zu buddeln, das Gesäuge schwillt an, und sie produziert eventuell sogar Milch. Das ist ein ganz normales hündisches Verhalten! Neben dem regulären Auftreten im Zyklus, also

etwa zwei Monate nach der Läufigkeit, kann dieses Verhalten auch durch die Anwesenheit eines Welpen oder Kleinkindes im Haus oder durch eine Schwangerschaft der Besitzerin ausgelöst werden – und das selbst bei der kastrierten Hündin. Dies liegt daran, dass das hierfür zuständige Hormon Prolaktin aus der Hirnanhangsdrüse kommt, und diese kann sowohl durch Rückkopplungskreise aus den Geschlechtsorganen wie auch durch direkte Aktivierung über die Sinnesorgane und deren nachgeschaltete Hirnregionen aktiviert werden. Wenn die Hündin allerdings in dieser Zyklusphase besonders leidet, gar depressiv wird und/oder wirklich gravierende gesundheitliche Probleme bekommt, ist das tatsächlich ein Grund, über eine Kastration nachzudenken. Allerdings muss man auch beachten, dass es bei den meisten Hündinnen bis zur dritten Läufigkeit dauert, bis sich das Zyklusgeschehen richtig einpendelt, die Abstände regelmäßig werden und oft auch anfängliche Probleme nachlassen.

Die Verhaltensaspekte

Die Verhaltensaspekte bei der Hündin lassen sich recht kurz zusammenfassen: Hat die Hündin immer Probleme (Aggression, Stress, Depressionen) oder nur zu einem bestimmten Zyklusstadium? Wenn Letzteres der Fall ist, kann eine Kastration helfen – ohne Zyklus keine zyklusbedingten Probleme. Denn dann ist das gezeigte Verhalten in der Regel durch das weibliche Sexualhormon Östrogen gesteuert, das man den Hündinnen durch die Kastration nimmt. Anders sieht es aus, wenn die Hündin ganz unabhängig vom Zyklusstand zu Aggression neigt. In diesem Fall ist eher damit zu rechnen,

> Während einer Scheinmutterschaft liebt eine Hündin Kuscheltiere besonders.

dass sich das Verhalten nach einer Kastration verschlimmert. Besonders gilt dies für sogenannte »Rüdinnen«, also Hündinnen, die beim Markieren nach Rüdenart das Bein heben und/ oder die als einzige Hündin in einem Wurf von männlichen Geschwistern zur Welt kamen. Diese Hündinnen haben bereits vorgeburtlich über die Mutter oder über die Geschwister eine ordentliche Portion Testosteron abbekommen, das ihr Gehirn in Richtung dieses eher rüpelhaft-männlichen Verhaltens programmiert hat. Nimmt man ihnen nun die weiblichen Hormone, also die Östrogene, so fehlt sozusagen die

letzte Kontrollinstanz, die das Überschießen des Testosterons verhindern könnte.

Bei beiden Geschlechtern völlig unabhängig von der Produktion der Sexualhormone sind die mit Eifersucht und Partnerschutz verbundenen Verhaltensweisen. Jungtierverteidigung wird etwa durch das Hormon Prolaktin gesteuert, von dem wir ja gesehen haben, dass dessen Ausschüttung nicht nur durch die Läufigkeit, sondern auch durch äußere Einflüsse wie das Kindchenschema (Babys, Welpen im Haushalt) initiiert wird. Angst- und Unsicherheitsaggression, allgemeines Unsicherheits- und Angstverhalten sowie auch Jagd- und Beutefangverhalten sind ebenso unabhängig von den Sexualhormonen zu sehen. Zum Beispiel für die Ressourcenverteidigung, die vom Stresshormon Kortisol gesteuert wird, gibt es Zahlen, wonach dieses Verhalten nach einer Kastration schlimmer wird. Auch bei sehr stark jagdlich motivierten Hündinnen gibt es Beobachtungen vieler Trainer, wonach das Jagdverhalten der betroffenen Tiere nach der Kastration verstärkt gezeigt wurde.

Ein sehr häufig vorgebrachtes Argument bei Hündin und Rüde, das einer sehr vermenschlichten Sichtweise entstammt, ist die Aussage, dass Hunde ja Stress haben, weil sie im Gegensatz zu ihren wilden Vorfahren ihre Sexualität nicht ausleben dürfen. Wenn man sich aber Wolfsrudel oder Gruppen verwilderter Haushunde anschaut, so stellt man fest, dass sich nur gut 50 bis 60 Prozent aller Hündinnen und 20 bis 30 Prozent der Rüden fortpflanzen, weil dieses Privileg nur den Ranghöchsten zusteht. Von den übrigen Prozenten wurde noch keiner

> Verhaltenstherapie mit dem Skalpell ist tierschutzwidrig und funktioniert nicht.

beim Psychiater auf der Couch angetroffen ... Wie im wild lebenden Canidenrudel, so ist es auch bei unseren Haushunden eine Frage des Führungsanspruchs gegenüber dem Hund, dem man sehr wohl vermitteln kann, dass ihm dieses besondere Privileg nicht zusteht.

LAST, BUT NOT LEAST: DER RÜDE

Besonders beim Rüden ist die Kastration eine Geschichte voller Missverständnisse. Immer wieder wird Hundebesitzern die Kastration als einfache Verhaltenstherapie mittels Skalpell verkauft. Aber auch beim Rüden kann die Kastration kein vernünftiges Training ersetzen. Zudem sind gerade Verhaltensprobleme beim Rüden nur in seltenen Fällen Folge eines überhöhten Testosteronspiegels. Deswegen müssen Sie ganz genau hinschauen, mit welchem Problem Sie es zu tun haben und welche Hormone an dessen Steuerung eigentlich beteiligt sind.

Die Sache mit der Aggression

Gerade bei den Verhaltensgründen für die Kastration des Rüden werden häufig undifferenziert verschiedene Formen und Bedeutungen der Aggression in einen Topf geworfen.

Beginnen wir mit der häufig auftretenden Angstaggression, gesteuert durch das Stresshormon Kortisol, die sich in Leinenaggression, in Kontrollverlustsituationen oder auch bei bestimmten Formen der territorialen Aggression zeigen kann. Auch die Futteraggression ist meistens durch dieses Hormon bedingt. Das männliche Sexualhormon Testosteron ist ein wichtiger Gegenspieler des Kortisols, es hemmt

> Kastration kann das Aggressionsverhalten eines Hundes verstärken.

seine Ausschüttung und hat also eine angstlösende Wirkung. Nimmt man nun durch eine Kastration das Testosteron von der Waagschale, so schießt die andere Seite, das Kortisol, nach oben und kann seine negativen Wirkungen voll entfalten. Probleme, die durch Angst oder Unsicherheit verursacht werden, verschlimmern sich also nach der Kastration in der Regel.

Ähnlich ist die Situation bei der Selbstschutzaggression. Auch hier spielen Stresshormone eine Rolle, vor allem das Noradrenalin, auch als Kampfhormon bezeichnet. Problematisch für Hundehalter ist, dass Noradrenalin nicht nur aggressives Verhalten steigert, sondern auch als Verstärker und Lernförderer in anderen Teilen des Gehirns wirkt. Hat ein Hund also in einer furchteinflößenden Situation Aggression als probate Problemlösung erfahren, lernt er dies sehr schnell als erfolgreiches Verhalten für die Zukunft. Aus diesem Lernen am Erfolg entstehen manchmal sogenannte Lustbeißer, die wiederum völlig unbeeindruckt von einer Wegnahme des Testosterons sind. Hier können nur individuelles und sinnvolles Verhaltenstraining und eine Verbesserung der Führungskompetenz des Halters eine Abhilfe schaffen. Denn diesen Hunden muss man Sicherheit und Führung geben und nicht Testosteron nehmen.

Genau wie bei der Hündin ist auch beim Rüden die Verteidigung von Jungtieren unter dem Einfluss des Elternhormons Prolaktin zu sehen. Bei Anwesenheit von Jungtieren oder Kindern in der Familie, bei Schwangerschaft der Halterin, bei Trächtigkeit der im gleichen Haushalt lebenden Hündin und ähnlichen über die Sinnesorgane wahrgenommenen Vorboten des demnächst zu erwartenden Familienzuwachses geht der Rüde bereits vorbeugend in Verteidigungsstellung – das ist sein Job! Durch komplizierte chemische Wechselwirkungen sind sogar kastrierte Rüden mehr zur Jungtierverteidigung prädestiniert, weil eine kleine Menge Testosteron, wie sie die Nebennierenrinde auch beim Rüden produziert, mit dem Prolaktin zusammen eine besonders aktivierende Wirkung auf das Jungtierverteidigungsverhalten und andere Verhaltensweisen der Kinderbetreuung ausübt.

In ähnlicher Weise ist das Partnerschutzverhalten, auch als Eifersucht bezeichnet, zu bewerten. Die Paarbindung ist bei Hunden keine sexuelle, sondern eine soziale Bindung. Gesteuert wird das Partnerschutzverhalten durch das sogenannte Eifersuchtshormon Vasopressin aus dem Gehirn. Und so kann auch der kastrierte Rüde seine Halterin ohne jeden sexuellen Hintergedanken heftig verteidigen – was tatsächlich häufig auch passiert.
Schauen wir uns nun die Wettbewerbs- oder Statusaggression an, an der tatsächlich das Testosteron mitbeteiligt ist, neben den Botenstoffen Serotonin, Dopamin und anderen. Die Wechselwirkungen zwischen diesen Hormonen sind kompliziert. Zunächst kommt es, ausgelöst durch Schwankungen des Botenstoffs Serotonin im Gehirn, zu rangverbesserndem und statusbedingtem Verhalten. Erst wenn das Tier es

> Partnerschutzverhalten entsteht im Gehirn und nicht in den Sexualorganen.

dann geschafft hat, den höheren Sozialstatus zu erhalten, zieht das Testosteron in seiner Konzentration nach und führt seinerseits wieder zu einem Statussicherungsverhalten, also zu einer Verteidigungsbereitschaft der nunmehr erhaltenen höheren Position. Besonders bei pubertierenden Junghunden gilt es, ihnen ihren Platz in der Gruppe oder Familie zuzuweisen.

Streunen – der Duft der großen weiten Welt

Ein häufig angeführtes Argument zugunsten der Kastration ist das Streunen und Jagen. Hier muss aber ganz klar unterschieden werden, warum Hund dieses Verhalten zeigt. Bekommt Ihr Casanova Beine, weil die hübsche Lady drei Orte weiter läufig ist? Oder ist er einfach auf der Suche nach dem nächsten Komposthaufen oder dem Duft der großen weiten Welt?
In erstem Fall könnte eine Kastration helfen. Im letzteren Fall hat man schlechte Karten: Die Tatsache, dass männliche Tiere, auch Hunderüden, meistens intensiver ihr Revier patrouillieren, eine größere Laufaktivität zeigen und auch ein flächenmäßig etwas größeres Revier nutzen als weibliche, ist zwar eine Folge der Sexualhormone, allerdings hat man keine Chance mehr, etwas daran zu ändern. Denn das Verhalten basiert auf einem vorgeburtlichen Anstieg des Testosterons, eine Kastration wirkt sich darauf im Nachhinein natürlich nicht mehr aus. Ebenso wenig wird Jagdverhalten durch Kastration beeinflussbar sein. Studien an anderen Tieren, etwa Hauskatzen, zeigen sogar das Gegenteil, nämlich dass die meisten Sexualhormone das Jagdverhalten unterdrücken und den Jagderfolg senken. Einen jagdlich motivierten

> ## ÜBERSPRUNGSHANDLUNG UND STEREOTYPIE
>
> Eine Übersprungshandlung wird dann gezeigt, wenn der Hund zwischen zwei gegensätzlichen Verhaltensweisen wie Angriff oder Flucht »gefangen« ist, sich also nicht entscheiden kann. Er wählt dann ein ganz anderes Verhalten und fängt beispielsweise an, sich ausgiebig zu kratzen oder zu gähnen.
> Eine Stereotypie ist ein krankhaftes Verhalten, das ständig wiederholt wird. Es dient dem Stressabbau und schränkt den Hund in seinem normalen Sozialverhalten ein. Der Klassiker hierbei ist der im Kreis laufende Hund, der lange im Zwinger gehalten wurde und nun auch außerhalb des Zwingers in nicht stressenden Situationen anfängt zu kreiseln.

Hund kann man mit einer Kastration also wahrscheinlich höchstens noch mehr fürs Jagen begeistern, weil er dann nichts anderes mehr im Kopf hat und sich ganz darauf konzentrieren kann ... Übrigens ist dies eine Beobachtung, die von vielen Haltern und Trainern bestätigt wird.

Hypersexualität, so weit das Auge reicht?

Ein ganz wichtiger Punkt beim Junghund ist die angebliche Hypersexualität vieler Rüden, denn davon ist sofort die Rede, wenn ein Hundemann irgendwo aufreitet. Tatsächlich hat es damit meist überhaupt nichts zu tun. Oft ist das Aufreiten eine sogenannte Übersprungshand-

DER CHEMISCHE PROBELAUF

Gerade beim Rüden ist, wenn das Thema Kastration auf den Tisch kommt, immer ein chemischer Probelauf anzuraten. Hierzu wird ein reiskorngroßes Hormonimplantat – oft auch Chip genannt – unter die Haut implantiert, das regelmäßig Hormone abgibt und dadurch zu einer chemischen Kastration führt. Sie ist reversibel – je nach Hund und verwendetem Implantat hält die Wirkung ein halbes bis ein Jahr an. Allerdings führt der Wirkmechanismus dazu, dass in den ersten sechs Wochen vermehrt Testosteron produziert wird, bevor es komplett versiegt. Das hat zur Folge, dass sich bei manchen Rüden das Verhalten zunächst verschlimmert – wenn es wirklich testosterongesteuert ist. Danach entspricht aber der hormonelle Zustand des gechippten Rüden dem eines chirurgisch kastrierten Tieres und ermöglicht so, die Folgen einer Kastration zu beurteilen.
Unter Umständen kann der Chip auch helfen, die schlimmsten Wirkungen der Pubertät abzufangen und die Zeit der chemischen Kastration für ein intensives Verhaltenstraining zu nutzen. Bei vielen Rüden geben sich die Probleme danach ganz von selbst ...
Wichtig ist aber, genau wie bei einer chirurgischen Kastration, dass man abwartet, bis das Längenwachstum des Hundes beendet ist, bevor man den Kastrationschip anwendet.

lung, sprich, es wird gezeigt, wenn das Tier sich in einem inneren Konflikt befindet. Manchmal handelt es sich auch um eine Stereotypie, die dem Stressabbau dient. Das erklärt, warum manche Hunde nach der Kastration noch häufiger Aufreiten zeigen, denn wie Sie bereits gelesen haben, wirkt das männliche Sexualhormon Testosteron den Stresshormonen entgegen. Der häufigste Grund für das Aufreiten – vor allem bei Junghunden – ist jedoch Spiel. Wie alle anderen Verhaltensweisen wird auch das Sexualverhalten auf spielerische Art geübt, sodass es beim Spiel unter Junghunden völlig normal ist, dass mal der eine, mal der andere aufreitet. Aber natürlich gibt es auch echte Hypersexualität bei Hunden. Erkennbar ist echtes Sexualverhalten daran, dass das sogenannte Jacobsonsche Organ zum Einsatz kommt. Dieses kleine Organ sitzt im Gaumendach und dient dazu, Pheromone von Artgenossen aufzunehmen. Pheromone sind Duftstoffe, die von einem Tier ausgesandt werden, um das Verhalten eines anderen Tieres zu beeinflussen. Viele davon findet man im Sexualverhalten. Ein aktiviertes Jacobsonsches Organ erkennt man am typischen Kieferklappern (wer es einmal gehört hat, weiß, wovon ich rede), am Schäumen und am Speicheln des Hundes. Kann man all das beobachten, handelt es sich um echtes Sexualverhalten, und eine Kastration kann möglicherweise helfen – muss sie aber nicht, denn auch kastrierte Rüden sind noch Jahre nach der Kastration in der Lage, ein vollständiges, echt sexuell motiviertes Paarungsverhalten inklusive des Hängens zu zeigen. Dies hat damit zu tun, dass dabei die Selbstbelohnungsdroge Dopamin aktiviert wird.

GLOSSAR

Abbruchsignale
Körpersprachliche oder verbale Zeichen, die den Hund auffordern, ein aktuell an den Tag gelegtes Verhalten sofort zu beenden.

Adrenalin
Ein Hormon, das im Nebennierenmark gebildet wird. Es dient der kurzfristigen Bereitstellung von Energie (Zucker und Fette), um beispielsweise aus einer bedrohlichen Situation blitzschnell flüchten zu können (Fluchthormon).

Domestiziert/Domestikation
Die Wandlung ursprünglich wild lebender Tierarten zu zahmen Haus- und Nutztieren.

Dopamin
Ein Botenstoff, umgangssprachlich auch als Selbstbelohnungsdroge bekannt. Dopamin sorgt für schnellere Weiterleitung elektrischer Impulse zwischen Nervenzellen im Gehirn.

Fixieren
Hier: Das regungslose Anstarren eines Objektes oder Lebewesens durch den Hund.

Frustrationstoleranz
Die Fähigkeit, ein bestimmtes Verlangen über längere Zeit hinweg zu unterdrücken.

Genetisch disponiert
Eigenschaft oder Verhaltensweisen, die vererbt werden und gezeigt werden können, aber nicht immer auch tatsächlich gezeigt werden.

Genetisch fixiert
Eigenschaft oder Verhaltensweisen, die vererbt und immer gezeigt werden.

Hormone
Vom Körper gebildete chemische Botenstoffe, die bestimmte Wirkungen auslösen.

Hypersexualität
Übersteigertes sexuelles Verlangen, das auch durch Erfüllung nicht befriedigt wird und deswegen immer wieder gezeigt wird.

Impulskontrolle
Die Fähigkeit von Menschen und Tieren, auf einen auslösenden Reiz nicht zu reagieren. Dadurch wird ein festgefahrenes Reiz-Reaktions-Muster unterbrochen.

Kortisol
Stresshormon, das in der Nebennierenrinde gebildet wird. Kortisol wirkt entzündungshemmend und sorgt für die Bereitstellung von Energie in Stresssituationen.

Kynologie
Lehre des Verhaltens, der Erziehung, der Zucht und der Pflege des Haushundes.

Meideverhalten
Körpersprachliche Signale wie Abducken oder Wegdrehen des Kopfes, die ein Hund zeigt, wenn er zuvor in ähnlicher Situation etwas Unangenehmes erfahren hat.

Myelinisierung

Entwicklung der Umhüllungen von Nervenfasern im Gehirn. Diese Umhüllungen, auch Markscheiden genannt, sorgen für eine deutlich schnellere Übertragung elektrischer Impulse zwischen den Nervenzellen.

Noradrenalin

Hormon, das im Nebennierenmark gebildet wird und verwandt mit Adrenalin ist. Es wird auch als Kampfhormon bezeichnet, weil es mit dem Adrenalin die Kampf-oder-Flucht-Reaktion steuert. Noradrenalin beeinflusst das Herz-Kreislauf-System und wirkt blutdrucksteigernd.

Östrogene

Weibliche Sexualhormone, die das Sexualverhalten, die Fortpflanzung und nicht zuletzt auch den Stoffwechsel beeinflussen.

Oxytocin

Auch Bindungs- oder Kuschelhormon genannt. Das Hormon wird im Gehirn gebildet, löst unter anderem die Wehen aus und fördert das Bindungsverhalten zwischen Menschen, aber auch zwischen Mensch und Hund.

Pheromone

Duftstoffe, die ein Tier aussendet, um das Verhalten eines anderen Tieres zu beeinflussen.

Progesteron

Das Hormon des Gelbkörpers, das zur Aufrechterhaltung einer Schwangerschaft beziehungsweise einer Trächtigkeit benötigt wird.

Repertoire/Verhaltensrepertoire

Die Gesamtheit aller angeborenen und erlernten Verhaltensweisen eines Individuums.

Ressource

Hier: Alles, was einem Hund wichtig ist, wie Spielzeug, Futter, Territorium, Mensch …

Selbstbelohnendes Verhalten

Handlungen, bei deren Ausführung sich der Hund sehr wohlfühlt, weil Dopamin ausgeschüttet wird, und die kein Endziel haben müssen.

Selektion/selektieren

Auslese bei der Fortpflanzung, die beim Hund wesentlich durch die bewusste Zuchtauswahl des Menschen geprägt ist.

Serotonin

Auch Glückshormon genannt. Ein Botenstoff, der u. a. stimmungsaufhellend wirkt.

Sozialisation

Der Prozess der Anpassung an gesellschaftlich akzeptiertes und gewünschtes Verhalten.

Testosteron

Männliches Sexualhormon, das unter anderem für die Entwicklung der männlichen Geschlechtsorgane und der Samen zuständig ist.

Will to please

Der Wunsch des Hundes, sich so zu verhalten, dass der Mensch Freude an ihm hat.

REGISTER

REGISTER

ADRESSEN UND LITERATUR

Verbände/Vereine

Deutscher Tierschutzbund e. V.,
In der Raste 10, 53129 Bonn,
www.tierschutzbund.de

Österreichischer Tierschutzverein,
Berlagasse 36, A-1210 Wien,
www.tierschutzverein.at

Schweizer Tierschutz (STS),
Dornacherstraße 101,
CH-4018 Basel, www.tierschutz.com

Hundezentrum Baumann und Dogworld-Stiftung,
Zur Schleuse 30, 49744 Geeste,
www.dogworld.de; www.tierheim-stiftung.de

Fragen zur Haltung von Hunden beantworten

Ihr Zoofachhändler und der Zentralverband
Zoologischer Fachbetriebe Deutschlands
e. V. (ZZF), www.zzf.de, Online-Portal
des ZZF: www.my-pet.org,
Tel.: (06 11) 44 75 53 32
Mo 12–16 Uhr, Do 8–12 Uhr

Registrierung von Hunden

TASSO e.V., Abt. Haustierzentralregister,
Otto-Volger-Str. 15, 65843 Sulzbach,
www.tasso.net

Internationale Zentrale Tierregistrierung (IFTA), Nördliche Ringstraße 10,
91126 Schwabach,
www.tierregistrierung.de

Krankenversicherung

Uelzener Versicherungen, Postfach 2163,
29511 Uelzen, www.uelzener.de

AGILA Haustierversicherung AG, Breite
Straße 6-8, 30159 Hannover, www.agila.de

Internetadressen

www.strodtbeck.de Seminare von
Sophie Strodtbeck

www.strodtbeck.de Beratungsplattform
für Hundehalter von Udo Gansloßer und der
Autorin Sophie Strodtbeck

www.facebook.com/MeierDerSchnuffel-journalist Facebook-Fanseite von
Herrn Meier, dem Beaglerüden der Autorin
Sophie Strodtbeck

www.fellomenal.de Seminare für Hundehalter,
Hundetrainer und Tierärzte

www.ferien-mit-hund.de Adressen von Hotels,
Ferienhäusern und Ferienwohnungen für den
Urlaub mit dem Hund

www.tierfreund.de Infos und Forum

Bücher

Bloch, Günter/Radinger, Elli H.: **Affe trifft Wolf.**
Franckh-Kosmos Verlag

Bloch, Günter/Ruge, Nina: **Was fühlt mein
Hund? Was denkt mein Hund?** Gräfe und
Unzer Verlag

Gansloßer, Udo/Kitchenham, Kate: **Beziehung – Erziehung – Bindung.** Franckh-Kosmos-Verlag

Gansloßer, Udo/Strodtbeck, Sophie: **Kastration und Verhalten beim Hund.** Müller-Rüschlikon

Käufer, Mechthild: **Spielverhalten bei Hunden.** Franckh-Kosmos Verlag

Krivy, Petra/Lanzerath, Angelika: **So geht's nicht weiter! Unarten effektiv beheben.** Müller-Rüschlikon

Schmidt-Röger, Heike: **Das große Praxishandbuch Hunde.** Gräfe und Unzer Verlag

Schlegl-Kofler, Katharina: **Trickkiste Hundeerziehung.** Gräfe und Unzer Verlag

Strodtbeck, Sophie: **Kleiner Hund ganz groß.** Müller-Rüschlikon

Strodtbeck, Sophie: **Vom Welpen zum Senior. Reise durchs Hundeleben.** Müller-Rüschlikon

Strodtbeck, Sophie: **Beagle: Geschichte, Haltung, Erziehung, Beschäftigung.** Franckh-Kosmos-Verlag

Zeitschriften

Der Hund. FORUM Zeitschriften und Spezialmedien, Merching, www.derhund.de

Dogs. Gruner + Jahr, Hamburg, www.dogs-magazin.de

Partner Hund. Ein Herz für Tiere Media GmbH, Ismaning, www.partner-hund.de

Wuff. Petmedia Verlagsgesellschaft mbH, Maria-Anzbach, www.wuff.de

DANKSAGUNG

Autoren, Fotografin und Verlag danken allen Hundeschulen sowie den Hundebesitzern und Vierbeinern vor und hinter den Kulissen, die zum Gelingen dieses Buches beigetragen haben. Der Dank gilt auch den beiden Vorwortschreibern Thomas Baumann und Udo Gansloßer für ihre freundlichen Zeilen.

WICHTIGE HINWEISE

Die Haltungsregeln in diesem Buch beziehen sich auf gesunde und charakterlich einwandfreie Hunde. Es gibt Hunde, die auf-grund mangelhafter Sozialisierung oder schlechter Erfahrung mit Menschen in ihrem Verhalten auffällig sind und eventuell zum Beißen neigen. Solche Tiere sollten nur von Hundekennern gehalten werden.

DAS AUTORENTEAM

Sophie Strodtbeck, Jahrgang 1975, ist Tierärztin und hat – nach einigen Jahren in der Gemischtpraxis – der praktischen Tätigkeit den Rücken gekehrt und ihr Hobby Hund zum Beruf gemacht. Sie beschäftigt sich intensiv mit Fragen der Verhaltensmedizin und der Verhaltensbiologie und hält zu diesen Themen Seminare im In- und Ausland. Außerdem schreibt sie als Autorin regelmäßig für kynologische Fachzeitschriften und hat bereits mehrere Bücher veröffentlicht. Im Jahr 2010 gründete sie gemeinsam mit dem Verhaltensbiologen Udo Gansloßer die Beratungsplattform „Einzelfelle". Hier wird, in Kooperation mit dem behandelnden Tierarzt und kompetenten Hundetrainern, ratsuchenden Hundehaltern in verhaltensmedizinischen und verhaltensbiologischen sowie ernährungsphysiologischen Belangen geholfen.

Sophie Strodtbeck lebt mit ihren vier Hunden in Franken. Weitere Informationen zur Autorin finden Sie unter: www.strodtbeck.de

Der Co-Autor **Uwe Borchert**, Jahrgang 1956, beriet viele Jahre lang Menschen mit ihren Hunden, wobei sein Schwerpunkt auf der sozialen Beziehung zwischen Menschen und Hunden und hier besonders im Bereich der Kommunikation Mensch – Hund lag. Zudem war er als Hundetrainer tätig und hielt zahlreiche Seminare zum Thema Kommunikation.

Uwe Borchert starb 2013, kurz nach der Erstauflage dieses Buches, völlig unerwartet und wird immer noch schmerzlich vermisst.

DIE WERDEN SIE AUCH LIEBEN.

ISBN 978-3-8338-7096-5

ISBN 978-3-8338-6683-8

ISBN 978-3-8338-7898-5

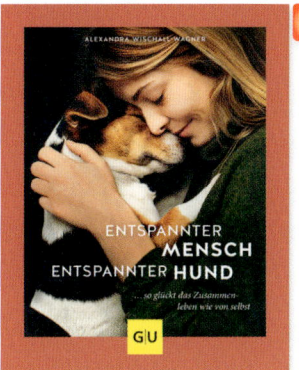

ISBN 978-3-8338-6449-0

ISBN 978-3-8338-7282-2

ISBN 978-3-8338-6838-2

 Auch als eBook erhältlich.

IMPRESSUM

© 2018 GRÄFE UND UNZER
VERLAG GMBH, München
Überarbeitete und aktualisierte
Neuausgabe von »Hilfe, mein
Hund ist in der Pubertät!«,
GRÄFE UND UNZER
VERLAG GmbH, 2013,
ISBN 978-3-8338-3444-8

Projektleitung: Regina Denk,
Vanessa Lotz, Cornelia Nunn
Lektorat: Ulrike Schöber,
Dr. Stefanie Gronau
Bildredaktion: Daniela
Laußer, Cornelia Nunn,
Natascha Klebl (Cover)
**Umschlaggestaltung und
Layout:** independent Medien-
Design, Horst Moser, München
Grafik & Satz:
Marion Feldmann
Herstellung:
Susanne Fuhrmann
Repro: Longo AG, Bozen
Druck & Bindung: Drukarnia
Dimograf SP.z.o.o., Polen

ISBN 978-3-8338-6646-3
4. Auflage 2022

DIE FOTOGRAFIN

Debra Bardowicks verbindet
mit ihrem Beruf ihre beiden
Leidenschaften: Tiere und
Fotografie. Als freie Fotografin
reist sie für ihre spannenden
Projekte um die Welt. Zahlreiche Bilder von ihr findet man
in Zeitschriften und Büchern.
Tierfotos von Debra Bardowicks gibt es im Internet unter
www.animal-photography.de

BILDNACHWEIS

Alle Bilder in diesem Buch
stammen von Debra Bardo-
wicks mit Ausnahme von:
Shutterstock: 51-1, 59, 77, 89,
91, 103-1, 114, 122, 164-1, 171,
172, 178, 198; **Sophie Strodtbeck:** 2/3, 28, 33, 86, 213;
Stocksy: Cover, U4

Umwelthinweis
Dieses Buch ist auf PEFC-
zertifiziertem Papier aus
nachhaltiger Waldwirtschaft
gedruckt.

Syndication:
www.seasons.agency

 www.facebook.com/gu.verlag

Ein Unternehmen der
GANSKE VERLAGSGRUPPE